Agiles Marketing Performance Management

Sascha Stürze • Markus Hoyer
Claudio Righetti • Matthias Rasztar

Agiles Marketing Performance Management

10 Erfolgsfaktoren für eine dynamische Optimierung des Marketing-ROI in der Praxis

Mit einem Geleitwort Prof. Dr. Marc Fischer, Universität zu Köln

Springer Gabler

Sascha Stürze
Analyx GmbH
Düsseldorf, Deutschland

Markus Hoyer
Analyx GmbH
Düsseldorf, Deutschland

Claudio Righetti
Analyx GmbH
Düsseldorf, Deutschland

Matthias Rasztar
Dr. August Oetker Nahrungsmittel KG
Bielefeld, Deutschland

ISBN 978-3-658-34814-4   ISBN 978-3-658-34815-1 (eBook)
https://doi.org/10.1007/978-3-658-34815-1

Die Deutsche Nationalbibliothek verzeichnet diese Publikation in der Deutschen Nationalbibliografie;
detaillierte bibliografische Daten sind im Internet über http://dnb.d-nb.de abrufbar.

Springer Gabler

Lektorat: Rolf-Günther Hobbeling
Springer Gabler ist ein Imprint der eingetragenen Gesellschaft Springer Fachmedien Wiesbaden GmbH und ist
ein Teil von Springer Nature.
Die Anschrift der Gesellschaft ist: Abraham-Lincoln-Str. 46, 65189 Wiesbaden, Germany

Geleitwort

Die optimale Allokation von Ressourcen im Marketing, die z. B. für eine Optimierung des Mediamix notwendig ist, stellt einen Dauerbrenner dar. Im Grunde ist die Problemstellung nicht sonderlich komplex. Allerdings wirft die konkrete Umsetzung eine Reihe von Fragen auf, die es zu beantworten gilt. Aus den Projekten und Gesprächen mit Unternehmen über verschiedene Branchen hinweg habe ich gelernt, dass es trotz aller Unterschiedlichkeit eine Reihe von wiederkehrenden Fragen gibt, die es zu lösen gilt. Dazu zählt die Beurteilung der Profitabilität der Maßnahmen, d. h. die Berechnung eines Return on Investment (ROI). Hier zeigte sich in allen Projekten, dass es gar nicht so sehr auf die isolierte Betrachtung des ROI einer einzelnen Maßnahme bzw. Mediakanals ankommt, sondern auf die gesamtheitliche Beurteilung, die eine bessere, simultane Allokation der Mittel zum Ziel hat. Paradoxerweise lässt sich der Gewinnbeitrag eines Produktportfolios selbst bei gleichzeitiger Budgetreduzierung deutlich steigern, wenn man sich auf die Optimierung der Ressourcenallokation fokussiert.

Die Messung des ROI und Umsatzbeitrags von Marketingaktivitäten setzt immer voraus, dass wir Kenntnis über die Effektivität der Kanäle und Maßnahmen haben. Nicht immer schlägt sich das sofort im Abverkauf nieder, sondern es sind zeitverzögerte Wirkungen und die Übersetzung der Maßnahmen über Zwischengrößen wie die Brand Equity zu berücksichtigen. Diese Messung ist nicht trivial. Trivial ist es auch nicht, wenn man die Qualität einer Kampagne bei der Effektivitätsmessung berücksichtigen möchte.

Auf diesen Feldern hat sich in der Vergangenheit einiges bewegt. Wir haben heute bessere Tools und Konzepte dafür zur Verfügung.

Schließlich gibt es mit der zunehmenden Nutzung von Ansätzen des maschinellen Lernens und der künstlichen Intelligenz (KI) generell eine neue Modellklasse, die ganz neue Anwendungen ermöglicht. Wir beschäftigen uns in der Marketingforschung sehr intensiv mit diesen Ansätzen. Auch hier zeigt sich, dass es eines tiefen Verständnisses der Ansätze in ihrer Vielfalt bedarf, um den richtigen Algorithmus auszuwählen. Fast noch wichtiger erscheint mir aber, sich vorab den Entscheidungshintergrund und das Ziel der Marketingentscheidungen zu vergegenwärtigen. Maschinelles Lernen ist einzig darauf ausgerichtet, die Prognose zu optimieren. Das mag in bestimmten Fällen ausreichend sein, weil es auch ein explizites Ziel darstellt. Wenn es aber um die Zuweisung von Ressourcen zu Abteilungen und Verantwortlichen geht, braucht es auch ein Verständnis der Kausalität, die unabhängig von aktuellen Bedingungen ist. In einem politischen Entscheidungsprozess müssen harte Budgetentscheidungen gut begründet sein. KI-Methoden finden hier ihre Grenzen, denn sie liefern nur Vorhersagen, aber keine Erklärungen.

Es ist wohltuend zu sehen, dass sich die Autoren so intensiv mit diesen verschiedenen Fragen beschäftigt haben. Sie nehmen fundiert Stellung dazu und bringen ihre umfangreichen Erfahrungen aus einer Vielzahl von Projekten ein. Die Lektüre sollte jedem Marketingentscheider wichtige Einsichten und Erkenntnisse vermitteln, um sich in Zukunft noch besser und professioneller dem Thema Budgetierung zu stellen.

Lehrstuhl für Marketing Science und Analytics, Universität zu Köln

Köln, Deutschland   Marc Fischer,

DANKE!

Unser großer Dank gilt zunächst **Prof. Dr. Marc Fischer** – unserem wissenschaftlichen Beirat – für sein konstruktives inhaltliches Review und den Hinweis auf wichtige Artikel aus der aktuellen Marketing Science Literatur. **Dr. Pipa Neumann** war sicherlich unsere kritischste Reviewerin. Ihre Kombination aus Marketing-Hintergrund und Lektoratserfahrung war ein Segen für die Klarheit von so manchem Argument. Ohne **Lieve Vos'** Geduld und unermüdliche Arbeit in der Aufbereitung der Grafiken, dem Editing und der Endkorrektur wäre das Buch nicht mehr in 2021 erschienen, wir danken ihr herzlich. Last but definitely not least danken wir dem gesamtem **Analyx-Team,** aus deren fundierter Arbeit in der Marketing-Optimierung für global agierende Werbetreibende wir hier Erkenntnisse in anonymisierter Form zitieren dürfen.

Einleitung

Das Marketing befindet sich im Brennpunkt eines immer schnelleren Wandels. Deutlich dynamischer als in der Vergangenheit verändert sich das Kauf-, Nutzungs- und Kommunikationsverhalten der Menschen. COVID-19 wirkt als Katalysator der Digitalisierung und hat die Bereitschaft, mehr und häufiger online einzukaufen, dramatisch beschleunigt – um nur ein Beispiel zu nennen.

Dieser allgemeine Wandel wirkt sich aber je nach Industrie, Produktkategorie, Marke und Zielgruppe sehr unterschiedlich aus. Damit wird die Frage, **wie man als Marketer das Budget optimal auf die unterschiedlichen Geschäftseinheiten und die immer vielfältigeren und zunehmend zersplitterten Kommunikationskanäle und Aktivitäten verteilt**, noch komplexer. Auch verläuft der Wandel nicht stets in die gleiche Richtung: Werbung auf einer Social Media-Plattform, die im letzten Jahr noch sehr erfolgreich und effizient war, ist es ein Jahr später vielleicht schon nicht mehr.

Unter diesen dynamischen Rahmenbedingungen sind diejenigen Marketer erfolgreicher, die moderne, datenbasierte Tools nutzen, um alle wichtigen Informationen zu bündeln und Wirkungen zukünftiger Marketingaktivitäten zuverlässig prognostizieren zu können. Ausgefeilte **mathematisch-statistische Verfahren in Kombination mit nutzerfreundlichen Tools** können heute wichtige Entscheidungshilfen für die optimale Budgetallokation geben, also für die Verteilung des Marketingbudgets auf Mediakanäle, Marken, Produktgruppen und Länder. Und zwar so, dass mit dem oft knappen Budget die bestmögliche Umsatzwirkung erzielt wird (maximaler Return on Investment).

Mit agilem Marketing ist gemeint, dass man die getroffenen Allokationsentscheidungen auf der Grundlage aktueller Informationen in einem strukturierten Rückkopplungsprozess immer wieder validiert und – wenn notwendig – an die neuen Erkenntnisse anpasst, statt erst am Ende des Planungszyklus Bilanz zu ziehen. Doch **wie wird man dem hohen Anspruch von agiler, dynamischer Marketingbudgetierung gerecht**? Wie unterscheidet man werthaltige Verschiebungen in der Werbewirkung von kurzfristigem Buzz?

Im Folgenden versuchen die Autoren hierzu einen Beitrag zu leisten, indem sie nicht nur die bestehenden Herangehensweisen kritisch betrachten, sondern auch relevante state-of-the-art-Ansätze vorstellen. Dabei wendet sich dieses Buch an Entscheidungsträger/-innen im Marketing und versucht, die notwendige **Balance zwischen theoretischem Anspruch und notwendigem Pragmatismus** abzubilden.

In zehn Kapiteln werden jene Erfolgsfaktoren vorgestellt, die für jeden wichtig sind, der die Vorteile eines agilen Marketings nutzen möchte:

1. **Ganzheitlich optimieren:** Der Großteil des Potenzials lässt sich nur heben, wenn man über alle Aktivitäten sowie alle Marken und Produkte hinweg optimiert. Wer sich weiterhin nur auf den Mediamix innerhalb einer Marke fokussiert, lässt mehr als 50 % des Potenzials unerschlossen.
2. **Langfristige Markenwirkung explizit einberechnen:** Der Fokus auf kurzfristige Absatzwirkung kann zu erheblichen Fehlentscheidungen führen. Mit der reinen Kurzfristwirkung lässt sich nur selten ein positiver Marketing-ROI nachweisen. Die gute Nachricht: Der Langfristeffekt von Brand Equity auf die harte Währung Umsatz lässt sich durchaus quantifizieren.
3. **Markenaufbau und Performance-Marketing ausbalancieren:** Digitalwerbung eignet sich unter den richtigen Bedingungen zunehmend auch für Imagewerbung, was sich mit geeigneten Werkzeugen ebenso analysieren lässt wie das optimale Verhältnis zwischen Imagewerbung und Absatzförderung.
4. **Kampagnenspezifisch messen:** Spot A ist nicht gleich Spot B, und langfristige Durchschnittswerte von Mediakanälen sind daher nur begrenzt hilfreich. Copy-Tests vor Ausstrahlung bilden zwar einen guten ersten Anhaltspunkt. Genauso wichtig ist es aber, die tatsächliche Wirkung eines Spots oder einer Anzeige im Rahmen eines Gesamtmodells ex post zu messen. Noch besser ist es, überdurchschnittlich erfolgreiche Kampagnen zu identifizieren und die Markenentwicklung hierdurch gezielt zu stärken.
5. **Prognosegüte beachten:** Ein R^2 (Bestimmtheitsmaß) von 90 % klingt zunächst gut. Wichtiger ist aber, ob die Zielgröße (z. B. Umsatz) tatsächlich korrekt vorhergesagt wird. Dafür sind eine breite Datenbasis, smarte Verfahren und regelmäßige Aktualisierungen entscheidend.

6. **Werkzeuge sinnvoll kombinieren:** Attributionsmodelle sind nicht „besser" als Marketing-Mix-Modelle (MMM), sondern helfen bei der individuellen Feinsteuerung der Onlinekanäle. Aber nur in Kombination mit dem Helikopterblick eines MMM, das eine optimale Verteilung über Marken hinweg und auf die einzelnen Kanäle berechnet, lässt sich Marketing ganzheitlich optimieren.

7. **Hypertargeting vermeiden und eigene Datenpools aufbauen:** So sinnvoll die Vermeidung von Streuverlusten durch Targeting grundsätzlich ist: Ein einseitiger Fokus auf individuelle Ansprache von Personen im lower funnel sollte vermieden werden, und angesichts des bevorstehenden „Cookie-Sterbens" sind eigene, 1st-party-Daten dringend notwendig.

8. **Regelmäßig nachsteuern:** Die wachsende Dynamik des Marktumfeldes und des Konsumentenverhaltens erfordert eine häufigere (z. B. monatliche) Aktualisierung. Nur so kann man schnell reagieren, wenn sich Budgets verändern, die Effizienz eines Kanals nachlässt oder ein neuer Spot eine besonders hohe Wirkung zeigt.

9. **Datensammlung in sinnvollen Formaten priorisieren:** Datenbanken mögen nicht sexy sein, aber ohne eine saubere Historie der relevanten Daten in ausreichender Detaillierung und gut verarbeitbaren Formaten kommt keine Marketingoptimierung aus – und dabei sollte man den Prozess gleich so organisieren, dass regelmäßige Aktualisierungen wenig Aufwand erfordern.

10. **Den richtigen Partner und das passende Servicemodell identifizieren:** Die wenigsten Unternehmen verfügen inhouse über die Data Science-Kapazitäten, die für den Aufbau der hier vorgestellten Tools und Modelle notwendig sind. Welche Kriterien haben sich für die Auswahl entsprechender Dienstleister bewährt, wie bewerte ich diese z. B. über Scorecards und was möchte ich mittelfristig insourcen, was soll outgesourced bleiben?

Jedes Kapitel umfasst dabei die folgenden vier Aspekte:
- Warum ist der behandelte Faktor wichtig für eine erfolgreiche Optimierung?
- Welche Erkenntnisse bietet die wissenschaftliche Forschung?
- Was zeigt sich in der Unternehmenspraxis?
- Welche Empfehlungen folgen daraus für Marketingverantwortliche?

Ergänzend finden sich zwei Exkurse zu einigen häufig gestellten Fragen:

- Was passiert mit Absatz und Marke, wenn ich die Marketinginvestitionen radikal zurückfahre? Und ergibt dies in einer Rezession Sinn?
- Wie sinnvoll ist Zero-based Budgeting und wie hängt dieser Ansatz mit agilem Marketing zusammen?

Inhaltsverzeichnis

Die Autoren

Sascha Stürze arbeitet seit über 15 Jahren daran, dass Data Science ganz normales Handwerkszeug in den europäischen Vorstandsetagen wird – zur nachhaltigen Optimierung von Marketing- und Vertriebsentscheidungen. Nach seiner Tätigkeit bei McKinsey hat er insgesamt 6 Marketing Analytics- und KI-Unternehmen aufgebaut. Sascha Stürze ist CPO der Analyx GmbH und durfte mit dieser bislang unter anderem für 10 der DAX30-Unternehmen tätig sein.

Markus Hoyer beschäftigt sich seit fast 20 Jahren mit Marketing, Markenstrategie und Marketing-Optimierung. Im Brand Management von Procter & Gamble hat er die Marketing-Praxis von der Pike auf gelernt und sein Wissen später als Berater bei McKinsey & Company sowie als Leiter der Stabstelle Marktforschung bei Forsa in unterschiedlichen Branchen angewandt und erweitert. Er weiß um die Kraft von Daten für optimierte Marketingentscheidungen und kennt gleichermaßen die Hürden der praktischen Umsetzung. Heute ist er COO der Analyx GmbH.

Claudio Righetti hat nach seiner Zeit bei McKinsey über 20 Jahre Erfahrung als Senior Manager in der Konsumgüterindustrie gesammelt und unter anderem für einen multinationalen Hersteller das globale Marketing-Informations-System aufgebaut. Aus praktischer Erfahrung kennt er sowohl die Notwendigkeit des strategischen Datenmanagements als auch die Herausforderungen in der Umsetzung von internationalen Portofolioplanungs- und Budgetallokationsprozessen. Claudio Righetti ist CEO der Analyx GmbH.

Dr. Matthias Rasztar ist Executive Manager Insights Marketing International bei der Dr. August Oetker Nahrungsmittel KG. Matthias Rasztar leitete bei Unilever über viele Jahre den European Marketing Mix Modeling Hub inkl. Werbewirkungsforschung und trieb in dieser Zeit das ROMI-Programm maßgeblich voran. Er berichtete später als Leiter des Bereichs Purchase Controlling direkt an den Vorstand Ware der EDEKA Zentrale AG. (Daher kennt er die Hersteller- und Handelsseite gleichermaßen und ist zudem ein ausgewiesener Methoden-Experte für Panel Analytics, Shopper Research und Big Data).

Abbildungsverzeichnis

Tabellenverzeichnis

1

Optimierte Budgetallokation im Marketing „beyond media"

Seit den Zeiten von John Wanamaker, dem „Vater der modernen Werbung", versuchen Marketer zu vermeiden, die Hälfte ihres Marketingbudgets zu verschwenden.[1] Dabei fokussieren sich die Anstrengungen auf eine Reihe etablierter, aber zumeist immer noch fragmentierter Tools auf der Ebene einzelner Marken in einem Land. Bei diesen Tools handelt es sich um klassische Mediamix-Optimierung, Customer-Journey-Analysen sowie Brand-Equity-Tracking.

Vor diesem Hintergrund sind Studienergebnisse keine Überraschung, die zeigen, dass man **den durch Marketing getriebenen Umsatz um 15–25 % bzw. den Markenumsatz insgesamt um 1–4 % steigern** kann, indem man das Marketingbudget nicht nur innerhalb einer Marke besser verteilt, sondern vor allem auch eine Budgetoptimierung zwischen Linien, Marken, Produktgruppen und Ländern zulässt.

Historisch war dies aufgrund der damit verbundenen Komplexität und Datenrestriktionen nur schwer umsetzbar. Heute ist es nicht nur für viele Unternehmen möglich, sondern im Kontext der aktuellen Dynamik von Märkten und Kanälen sogar eine Notwendigkeit, um dauerhaft wettbewerbsfähig zu bleiben.

Hierbei zeigt die praktische Umsetzung, dass insbesondere diejenigen Unternehmen das genannte Potenzial nutzen können, die diese Fragestellung als **Teil eines dynamischen, neuen Planungsprozesses** verankern. So kön-

---

[1] John Wanamaker (1838–1922) prägte als Erster das berühmte Zitat „Half the money I spend on advertising is wasted; the trouble is I don't know which half." [John Wanamaker Quotes, https://www.quotes.net/quote/18735 (abgerufen am 13.01.2021)].

© Der/die Autor(en), exklusiv lizenziert durch Springer Fachmedien Wiesbaden GmbH, ein Teil von Springer Nature 2021
S. Stürze et al., *Agiles Marketing Performance Management*,
https://doi.org/10.1007/978-3-658-34815-1_1

nen sie sicherstellen, dass die notwendigen Budgetumverteilungen ihre Wirkung über die Zeit bestätigen und ein mögliches Übersteuern vermieden wird.

Welche Aspekte sowie organisatorische und methodische Erfolgsfaktoren
zu berücksichtigen sind, wird in den folgenden Abschnitten dargestellt.

1.1   Allocation is key!

In Unternehmen wird sehr viel und leidenschaftlich über die richtige *Höhe*
des *Gesamt*budgets für Marketing und Verkaufsförderung gestritten und ge-
rungen – also dessen optimale Höhe zur Erreichung bestimmter Ziele. Es mag
zunächst nicht intuitiv erscheinen, aber darauf kommt es viel weniger an (solange man sich im richtigen Zielkorridor befindet), als auf die richtige Verteilung eines vorhandenen Budgets.

Diese Erkenntnis nennt man das „Prinzip des flachen Maximums", welches
auf ein einflussreiches Paper von Tull et al. aus dem Jahre 1986 zurück geht
(vgl. Abb. 1.1).[2] Seine Quintessenz ist, dass in dem Großteil der für die Praxis
relevanten Situationen **selbst Abweichungen von der optimalen Budgethöhe von bis zu ±25 % keinen nennenswerten Einfluss auf den Deckungs-
beitrag** eines Unternehmens haben. Dies liegt daran, dass die höheren Kosten

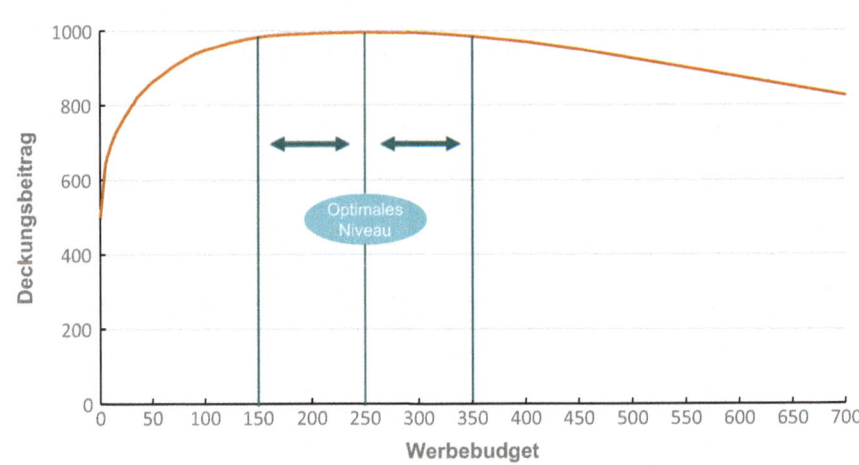

Abb. 1.1 Prinzip des flachen Maximums (Skiera 1997; Kennzeichnung „Optimales
Niveau" ergänzt)

---

[2]Tull, D.S. / Wood, V.R. / Duhan, D. / Gillpatrick, T. / Robertson, K.R. / Helgeson, J.G.: ‚Leveraged'
Decision Making in Advertising. The Flat Maximum Principle and Its Implications. In: Journal of Marketing Research, Vol. 23, 1986, S. 25–32.

eines über der optimalen Höhe liegenden Werbebudgets durch die zusätzlichen Umsätze und die daraus resultierenden Deckungsbeiträge nahezu kompensiert werden.

Genauso werden die Umsatz- bzw. Deckungsbeitragsverluste aufgrund eines *unter* der optimalen Höhe liegenden Werbebudgets durch die geringeren Kosten fast ausgeglichen.[3]

Daher ist es wichtig, stetig die Budgetverteilung nachzusteuern, was dann auch das Ringen um die Budgethöhe deutlich erleichtert. Quintessenz: Es kommt vor allem auf die Allokation an.

1.2 Allokation ist mehr als Mediamix

Fokussieren wir also auf Budgetallokation: Bei der *Budgetverteilung innerhalb einzelner (insb. digitaler) Marketingkanäle* werden für die Aussteuerung häufig bereits moderne Tools genutzt. In individualisierten Kanälen (z. B. Retargeting, Suchmaschinenmarketing) wird die Aussteuerung und damit Budgetverteilung oftmals gänzlich einer künstlichen Intelligenz überlassen, der bestimmte Leitplanken in Form von Maximalbudgets etc. gesetzt werden.[4]

Bei der taktischen *Budgetallokation zwischen verschiedenen Mediakanälen* werden von einigen Unternehmen statistische Verfahren eingesetzt, um den Effekt einzelner Kanäle zu isolieren und mit diesem Wissen Budget in die effektivsten Kanäle leiten zu können. Die Abkürzung MMM ist oft mit diesen Marketing-Mix-Modellen verbunden.[5] MMMs basieren auf ausgereiften ökonometrischen Methoden (siehe Kap. 5), die in jüngster Zeit eine merkliche Renaissance erfahren, unter anderem weil sie nicht auf individuelle Nutzerdaten oder das Vorhandensein von Cookies angewiesen sind und auch für nicht individuell targetierbare Kanäle wie TV und Plakatwerbung funktionieren.

Betrachtet man jedoch darüber hinaus, wie in Konzernen mit globalen Markenportfolios die wirklich zentralen Entscheidungen getroffen werden – nämlich die *Verteilung von Budgets über Marken, Produktgruppen und sogar Länder hinweg* – dann findet man vielfach sehr grobe Ansätze:

---

[3] Skiera, B.: Das Prinzip des flachen Maximums. In: Die Betriebswirtschaft, Vol. 57, 1997, S. 864–867.

[4] https://www.criteo.com/technology/ai-engine/predictive-bidding/ (abgerufen am 18.01.2021).

[5] https://analyx.com/mmm-101-driving-roi-in-a-multi-everything-marketing-reality/ (abgerufen am 18.01.2021).

- Heuristiken (z. B. ±5 % zum letzten Jahr, 30 % für Innovationen, Verdoppelung des Digitalbudgets jedes Jahr)
- Finance-Vorgaben (z. B. prozentuale Verteilung nach Umsatz-, Profit- oder Wachstumsbeitrag)
- Strategische Prioritäten (z. B. BCG-Matrix, Fokusmärkte, auch: „Wer am lautesten schreit …")

Allerdings liegen genau hier die größten Potenziale, wie dieses Kapitel herausstellen wird:Mit dem Fokus auf eine reine Mediaallokation innerhalb einer Marke innerhalb eines Landes (und dann vielfach lediglich alle zwei bis drei Jahre durch ein Modeling unterstützt) springen viele Unternehmen deutlich zu kurz (vgl. Abb. 1.2).

Um die hohen Potenziale in der Profitsteigerung (siehe Abschn. 1.3) wirklich auszuschöpfen, muss die Optimierung der Budgetallokation in beiden Dimensionen der Abb. 1.2 wachsen:

- **Berücksichtigung möglichst aller Aktivitäten,** d. h. in der obigen Abbildung in die Breite wachsen: Letztlich geht es beim Mitteleinsatz im Marketing immer darum, mittelfristig Profit zu maximieren. Darauf zahlen markenbildende TV-Kampagnen über Zeit genauso ein wie Promo-Aktionen, z. B. Startguthaben bei der Kundengewinnung im Bankenbereich oder in der Telekommunikationsbranche. Häufig werden jedoch Budgets völlig disjunkt und manchmal sogar inkonsistent orchestriert. Ein häufig beobachtetes Beispiel: ATL-Budgets werden anhand von Zielgrößen aus dem Markenfunnel optimiert, aber Performancebudgets anhand der Zielgröße „kurzfristige Absatzsteigerung".

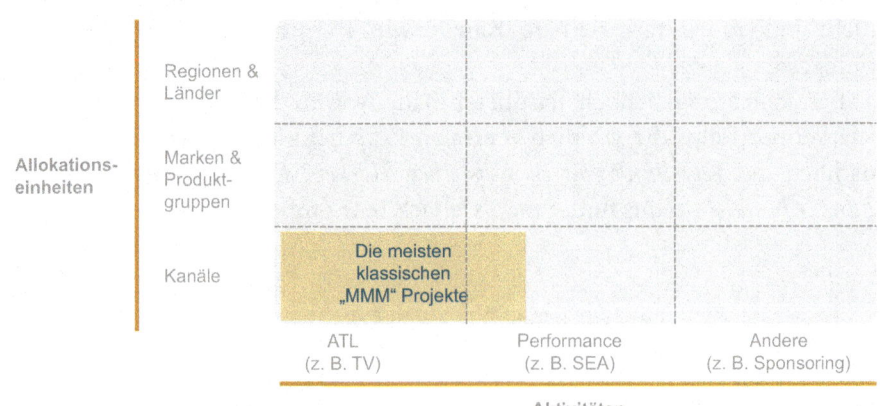

Abb. 1.2 Abdeckung klassischer Marketing-Mix-Modelle (eigene Darstellung)

- **Erweiterung über den Kanalmix hinaus,** d. h. in der obigen Abbildung in die Höhe wachsen:
Budgetallokation unterliegt bildlich gesprochen einer Hierarchie der Verteilung von Geld von oben (zwischen Ländern) nach unten (zwischen Kanälen und Kampagnen). Mediamix – also die Verteilung von Geld auf Kanäle wie TV, Radio, SEA und Instagram – ist nur auf die Werbeeffizienz innerhalb einer Marke fokussiert. Die Aufgabe der Budgetallokation in einem Konzern mit mehreren Marken und Ländern hat jedoch deutlich mehr Treiber inklusive der unterschiedlichen Wachstumsdynamiken und Profitabilität der Allokationseinheiten.

Die Allokationsentscheidungen in einem internationalen Mehrmarken-Konzern können dabei schnell sehr komplex werden, wie das folgende Beispiel eines Herstellers von Drogerieartikeln zeigt (vgl. Abb. 1.3):

Jedes Jahr sind also nicht nur 1056 Einzelentscheidungen zu treffen, sondern zudem haben diese untereinander auch Wechselwirkungen. Selbst für die erfahrensten Manager – ausgestattet mit allen notwendigen Daten – wird es ohne analytische Werkzeuge kaum möglich sein, diese Entscheidungen optimal zu treffen. Das verschenkte EBIT-Potenzial im Vergleich zu den Kosten einer datenbasierten und toolgestützten Entscheidungsunterstützung ist in solchen Situationen erheblich, wie die folgenden Praxisbeispiele zeigen.

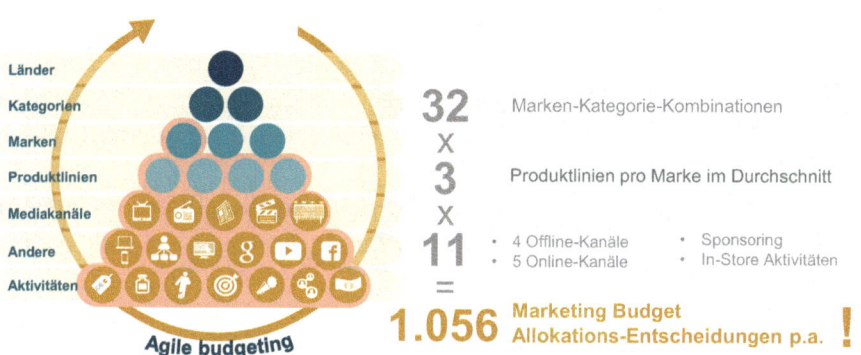

Abb. 1.3 Zahl der Marketingbudget-Entscheidungen in komplexen Organisationen (eigene Darstellung)

1.3 Globale, produktübergreifende Budgetallokation birgt nachweislich hohes EBIT-Potenzial

Die Marketingwissenschaft hat klar herausgearbeitet, dass der Profit-Impact ungleich höher ist, wenn man die Budgetverteilung über mehrere der erwähnten Ebenen optimiert (statt nur zwischen Mediakanälen). Die wohl relevanteste Publikation hierzu stammt aus dem Jahr 2011. Sie entstand in Partnerschaft mit dem Pharmaunternehmen Bayer.[6]

Im Jahr der Datenerhebung (2008) hatte Bayer in den relevanten Ländern ein Budget für Marketing und Verkaufsförderung (inklusive Detailing) von rund 7,1 Milliarden EUR. Dies schließt klassische Mediakanäle (z. B. Fachzeitschriften) ebenso ein, wie die erheblichen Kosten der Außendienstbesuche. Das Budget war verteilt über mehrere Kernmärkte und vier sogenannte therapeutische Bereiche (z. B. Diabetes). Auf Basis von ökonometrischen Optimierungsmodellen hat ein Team aus Marketingwissenschaftlern Empfehlungen für die Umverteilung der Budgets auf verschiedenen Ebenen entwickelt, nämlich

- zwischen Ländern
- zwischen therapeutischen Bereichen innerhalb eines Landes
- zwischen Produkten innerhalb eines therapeutischen Bereichs
- zwischen Marketingaktivitäten für ein bestimmtes Produkt

Die Zielgröße war dabei eine wirtschaftliche, nämlich der (diskontierte) Profit der gesamten Business Unit über die nächsten fünf Jahre. Das im folgenden dargestellte Beispiel[7] für Präparate gegen Bluthochdruck zeigt, dass die quantitativ abgeleiteten Empfehlungen zum Teil durchaus drastisch von der gelernten (und in der Vergangenheit immer wieder replizierten) Budgetverteilung abwichen (vgl. Abb. 1.4).

Der wirtschaftliche Impact spricht für sich und ist bei konsequenter Anwendung über alle Produkte und Länder hinweg erheblich. Im Falle der o. g. Studie bei Bayer:

---

[6] Fischer, M. / Albers, S. / Wagner, N. / Frie, M.: Dynamic marketing budget allocation across countries, products, and marketing activities. In: Marketing Science, Vol. 30(4), 2011, S. 568–585.

[7] Fischer, M. / Albers, S. / Wagner, N. / Frie, M.: Dynamically Allocating the Marketing Budget. How to Leverage Profits across Markets, Products and Marketing Activities. In: GfK Marketing Intelligence Review, Vol. 4(1), 2012, S. 50–59.

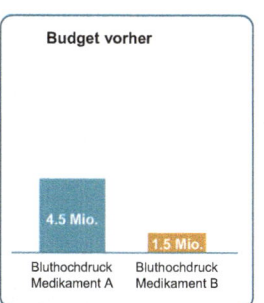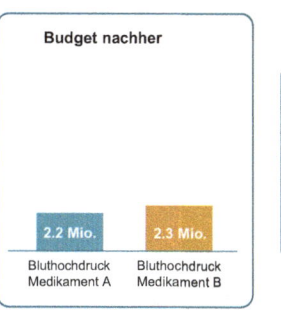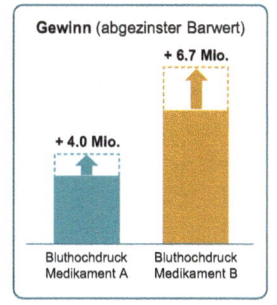

Abb. 1.4 Illustrative Darstellung der Veränderung der Budgetverteilung bei Bayer (Fischer et al., 2012)

- Potenzial von 493 Mio. EUR EBIT-Steigerung bei Umsetzung aller Empfehlungen (5-Jahres-Betrachtung)
- Impact von 273 Mio. EUR tatsächliche EBIT-Steigerung binnen eines Jahres (2008 auf 2009)

Letzteres entspricht einer **EBIT-Steigerung von 12 % in einem Zeitraum, in dem der Umsatz um 4 % gewachsen ist. Das Marketingbudget selbst blieb dabei konstant.**

1.4 Der größere Teil des EBIT-Impacts kommt *nicht* aus Mediaallokation

Unsere eigenen Projekte mit Klienten aus unterschiedlichen Industrien be-stätigen die wissenschaftlichen Befunde. Wie groß das Potential allein inner-halb eines Landes sein kann, zeigt das Beispiel eines weltweit führenden Konsumgüterherstellers, der in einem seiner Kernmärkte ein Projekt zur op-timierten Budgetallokation durchgeführt hat. Ziel war die Maximierung des Umsatzes durch Reallokation eines konstanten Mediabudgets. In die Opti-mierung einbezogen wurden etwa ein Dutzend Marken bzw. Produktlinien in insgesamt sechs Warengruppen und mit Mediainvestitionen in jeweils fünf bis sieben unterschiedlichen Mediakanälen – in Summe über 100 Budgetent-scheidungen, die mehrfach im Jahr adjustiert werden müssen.

Zunächst zum Impact: **Projekte dieser Art haben ein Potenzial zur Um-satzsteigerung in Höhe von knapp 2 % bei konstantem Mediabudget,** also durch reine Reallokation. Umgerechnet entspricht dies in dem o. g. Beispiel einem nachhaltigen Profitpotenzial im zweistelligen Millionenbereich. Aber die wichtigste Erkenntnis ist, dass **der *größere* Teil dieses Impacts eben *nicht* aus dem traditionellen Bereich der Budgetverschiebung zwischen Media-kanälen kam, sondern durch Budgetreallokation zwischen Marken sowie zwischen Produktlinien innerhalb der Marken** (vgl. Abb. 1.5):

Die Allokationsempfehlungen zwischen den Marken waren – ähnlich wie im oben zitierten Beispiel von Bayer – zum Teil relativ drastisch, aber für den Kunden nachvollziehbar, da mittels einer wissenschaftlich bestätigten Methodik abgeleitet und validiert (vgl. Abb. 1.6):

Hierbei kam eine Optimierungslogik zum Einsatz, die direkt auf die bereits erwähnte Forschung von Prof. Fischer und seinen Kollegen zurückgeht. Wie Abb. 1.7 zeigt, werden drei Faktoren einbezogen, um das optimale Budget für eine Allokationseinheit (z. B. Produktgruppe X der Marke Y in Land Z) zu bestimmen (vgl. Abb. 1.7):

Für die Akzeptanz in Konzernen ist es wichtig, dass diese Optimierungslogik nicht nur validiert ist, sondern auch intuitiv verständlich hinsichtlich der sich ergebenden Handlungsempfehlungen. Hier einige Beispiele:

1. **Gewinnbeitrag:** Ceteris paribus (unter sonst gleichen Umständen) sollten solche Marken oder Produktgruppen mehr Marketingbudget erhalten, die einen höheren absoluten Beitrag zum Gesamtgewinn beisteuern. Es ist

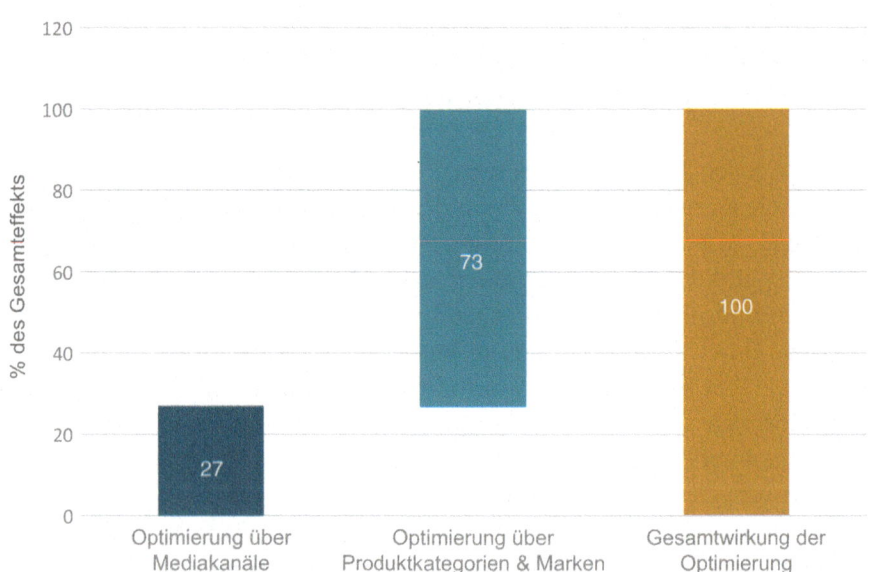

Abb. 1.5 Zusammensetzung des Optimierungseffektes bei einem Konsumgüterhersteller (eigene Darstellung)

Abb. 1.6 Beispiel einer Optimierung der Budgetallokation auf ausgewählte Marken eines Konsumgüterherstellers (eigene Darstellung)

Abb. 1.7 Optimierungslogik für Budgetallokation (eigene Darstellung)

einleuchtend, dass ein Automobilhersteller z. B. den Absatz des gewinnträchtigen SUV mit mehr Werbebudget unterstützt als einen Kleinwagen.

2. **Wachstum:** Ebenfalls sollten – ceteris paribus – Marken und/oder Produktgruppen mehr Marketingbudget erhalten, die sich auf einem steileren Wachstumspfad befinden. Mit diesem Bestandteil der Optimierungslogik wird ebenso sichergestellt, dass innovative Neuprodukte, die aktuell vielleicht noch einen geringen Gewinnbeitrag erbringen, aber rasant wachsen, ausreichend unterstützt werden.

3. **Marketingeffektivität:** Schließlich sollten – ebenfalls ceteris paribus – diejenigen Marken und/oder Produktgruppen mehr Marketingbudget erhalten, bei denen der Mitteleinsatz besser wirkt (Sales-Impact). Wie hoch die Effektivität von Marketingbudgets je Marke sowie Mediakanal ist, er-

mitteln führende Unternehmen mittels ausgereifter Modelingverfahren (siehe Kap. 5). Diese helfen dabei, den Effekt des Mediabudgets von anderen Effekten (z. B. Saisonalität) zu isolieren und liefern damit den Input für die hier dargestellte Optimierung.

1.5   Empfehlungen für Unternehmensentscheider/-innen

Die Optimierung der Budgetallokation in Marketing und Sales über alle relevanten Ebenen (Länder, Produktgruppen, Marken, Linien, Kanäle) birgt enormes Potential zur Steigerung des Marketing-ROI. Der größere Teil des Impacts kommt dabei nicht aus dem verbesserten Mediamix (Fokusthema von klassischen MMMs), sondern aus den Ebenen „darüber". In der Praxis komplexer, gewachsener Konzernstrukturen ist dies in der Umsetzung oft herausfordernd, da Budgetallokation eines der größten politischen Spannungsfelder ist:

• Die Verantwortung für die Budgetallokation zwischen Marken oder gar Ländern liegt oft an anderer Stelle als die Verantwortung für den Mediamix.
• Selbst innerhalb der Mediengattungen findet man häufig eine historisch gewachsene Trennung in „ATL/Media" vs. „Performance/Digital".
• Eine weitere Barriere ist oft, dass Absatzförderung (z. B. Startguthaben für Neukunden oder andere Promotionsaktionen) und Media oft nicht abgestimmt erfolgen und so eine ganzheitliche Optimierung erschwert wird.

Die obigen Beispiele zeigen jedoch, dass es sich lohnt, diese Silos hinter sich zu lassen und eine ganzheitliche Optimierung anzustreben. Nach unserer Erfahrung gibt es hierbei zwei Gruppen von Erfolgsfaktoren, nämlich organisatorische und methodische. Die methodischen Faktoren sind keinesfalls rein technische Elemente für die Data-Science-Abteilung. Sie sind unserer Erfahrung nach auch kritisch für die Akzeptanz einer ganzheitlichen Marketingoptimierung.

Organisatorische Erfolgsfaktoren

 Fokus auf einheitliche wirtschaftliche KPIs:
Einheitliche Impact-Bewertung anhand von Frequenz/Absatz/Umsatz/DB1 statt
aktuell häufig unterschiedlichen Messgrößen, z. B.

- o Vertrieb wird am Absatz gemessen.
- o Marketing wird an Marken-KPIs gemessen (Marken-KPIs sind und bleiben
  hochrelevante Größen für langfristigen Erfolg, sie müssen aber letztlich in
  Bezug zu wirtschaftlichem Erfolg gebracht werden).

 **Interdisziplinäre Zusammenarbeit mit einer koordinierenden
Funktion:**
Es kann sehr sinnvoll sein, dass die CFO-Berichtslinie diese Funktion
übernimmt. Dem jeweiligen (Marketing-)Controlling stehen oft viele der
benötigten Daten zur Verfügung und wirtschaftliche KPIs stehen im Fokus.

 **Einheitliche, konsistente Planungs- und Optimierungslogik
über alle Ebenen hinweg:**
Konsistente Logik auf Headquarterebene und in den lokalen Märkten sowie bei
der Allokation zwischen Marken und dem Mediamix.

 Einigkeit über die Zielgröße und explizite Formulierung

Methodische Erfolgsfaktoren

Strategische Leitplanken:
Eine Optimierung der Budgetallokation muss in der Lage sein, manuell gesetzte Einschränkungen zu berücksichtigen (z. B. strategische Minimalbudgets für bestimmte Kanäle) statt rein mathematisch zu optimieren.

Dynamische Reallokation:
Die o. g. Einflussfaktoren einer Optimierungslogik (Gewinnbeitrag, Wachstum, Marketingeffektivität) verändern sich stetig und es kommen z. B. neue Mediakanäle hinzu. Demzufolge muss auch die Budgetallokation dynamisch sein und regelmäßig erfolgen, d. h. weg von der klassischen Jahresplanung und hin zu einer agilen Budgetierung.

Automatisierung:
Im obigen Beispiel sind über 1056 Allokationsentscheidungen jährlich für 32 Marken-Markt-Kombinationen zu treffen. Um dies effizient zu tun, empfiehlt sich der Einsatz professioneller Lösungen zur schnellen und einfachen Entscheidungsunterstützung. Ein weiterer Aspekt ist, dass Excel oder inhouse entwickelte Modelle oft die Iterationen zur Optimierung gar nicht erfassen. Integrierte Lösungsanbieter können daher viel Zeit sparen und helfen, das Potential erfolgreich zu heben.

2

Quantitative Berücksichtigung der Langzeitwirkung von Marketingmaßnahmen

Erst die Quantifizierung des Langfristeffekts (gemessen in Umsatz) ermöglicht die Berechnung des vollständigen Returns on Investment (ROI) im Marketing. Dennoch sind zahlreiche der aktuell verfügbaren Ansätze immer noch auf diesem Auge blind: viele traditionelle Marketing-Mix-Modelle fokussieren auf kurzfristige Saleseffekte, während langfristige Brand-Equity-Effekte – ganz unabhängig – über „weiche" Zielgrößen wie Markenbekanntheit oder Relevant Set betrachtet werden.

2.1 Einleuchtende Existenz, schwieriger Nachweis

Können Sie diese Lückentexte vervollständigen?

* *„Willst Du viel, spül mit …"*
* *„Sie baden gerade Ihre Hände drin. – In Geschirrspülmittel? Nein, in …!"*
* *„… – das kleine Wunder gegen Fett"*

Falls ja, dann haben Sie gerade die Existenz der Langzeitwirkung von Marketing bestätigt (auf der Dimension Werbeerinnerung). Und zwar in einer absoluten Low-Involvement-Kategorie. Dass Marketingmaßnahmen wie z. B. TV-**Werbung auch Langzeitwirkungen auf den Absatz** haben, ist Konsens unter allen Marketingverantwortlichen.

© Der/die Autor(en), exklusiv lizenziert durch Springer Fachmedien Wiesbaden GmbH, ein Teil von Springer Nature 2021
S. Stürze et al., *Agiles Marketing Performance Management*,
https://doi.org/10.1007/978-3-658-34815-1_2

Die genaue Quantifizierung dieser Wirkung ist jedoch ein Problem, mit dem sich Wissenschaft und Praxis schon seit ca. 50 Jahren schwertun. In der Unternehmenspraxis wird die Langzeitwirkung im Rahmen von Werbewirkungsmodellen oft nicht quantifiziert oder lediglich isoliert in Verbindung mit ihrer Wirkung auf „weiche" KPIs wie Brand Equity, Ad Awareness oder Recognition festgemacht. Viel zu selten wird in „harter" Währung gemessen, nämlich dem längerfristigen Effekt auf Sales und Profit. Angesichts der Wichtigkeit sollte aber das Ziel für alle Marketer sein, ein Marketing-Mix-Modell zu haben, das die langfristige Wirkung direkt in die Allokationsoptimierung miteinbezieht. In solchen Fällen hat man nicht nur für die Diskussion mit dem CFO über die notwendige Höhe des Marketingbudgets und den Return on Marketing Investment die notwendigen Argumente, sondern kann viel erfolgreicher auch Investmententscheidungen zur Verteilung von Mitteln zwischen Marken mit unterschiedlicher Markenstärke treffen.

Warum ist der Langzeiteffekt so wichtig?

1. **Die meisten ATL-Maßnahmen erzielen in der Kurzfristbetrachtung keinen positiven ROI.** Kevin Clancy und Randy Stone, die sich seit Jahrzehnten mit Marketing-ROI beschäftigen, schrieben schon 2005: „… in the short term, consumer packaged-goods advertising returns only 54 cents for every dollar invested".[1] Ohne Nachweis der Langzeitwirkung sind Marketer in einer defensiven Position und häufig die Betroffenen von Budgetkürzungen in Krisenzeiten bzw. bei kurzfristigem Profitdruck.
2. **Eine Budgetallokation rein auf Basis der Kurzfristeffekte kann zu falschen Entscheidungen führen. Dabei werden kurzfristige Sales optimiert und die Marke möglicherweise dauerhaft geschädigt**, da der Langfristeffekt bei einigen Maßnahmen (v. a. ATL) ein Mehrfaches des Kurzfristeffektes ausmacht, während andere Maßnahmen fast nur kurzfristige Wirkungen (z. B. Promotions) haben.

---

[1] Clancy, K. J. / Stone, R. L.: Don't Blame the Metrics. https://hbr.org/2005/06/dont-blame-the-metrics (abgerufen am 21.05.2021).

2.2 Die Wissenschaft liefert Langzeitmultiplikatoren

Es gibt hunderte von Studien zu diesem Thema: In den 1970er-Jahren lag der Fokus auf AdStocks und Time-Lag-Koeffizienten, in den 1980ern wurde Brand Equity populär, und Mitte der 1990er-Jahre wurde mit „How T.V. Advertising Works"[2] eine bis heute relevante Basis für die Quantifizierung der Langzeitwirkung gelegt. Damals wurde auf der Basis von **389 Experimenten ein durchschnittlicher Langzeitmultiplikator von 1,81** ermittelt, d. h. die Langzeitwirkung ist fast ebenso hoch wie die reine Kurzfristwirkung und kann den Gesamteffekt somit fast verdoppeln (Berechnung: Gesamteffekt geteilt durch Kurzfristeffekt = Langzeitmultiplikator). In der wissenschaftlichen Forschung wird der Langzeiteffekt übrigens meist Carry-Over-Effekt genannt.

Dieser Faktor wurde 2007 in einer weiteren Studie fast exakt bestätigt, über ein Jahrzehnt später betrug der durchschnittliche Multiplikator 1,83.[3] Pauwels et al. kamen 2010 mit einer anderen Methodik und anderen Daten im Durchschnitt über 62 untersuchte Marken auf exakt 1,8.[4]

Die umfangreichste aktuelle Metastudie zum Thema stammt von Köhler et al., basiert auf 918 Beobachtungen und wurde 2017 veröffentlicht. Neben Massenmedien wie TV wurden explizit auch Direktmarketing mit einbezogen. Der durchschnittliche Multiplikator lag hier insgesamt sogar bei 2,54 (die Langfristwirkung ist also anderthalb Mal so groß wie die Kurzfristwirkung) – und für Massenmedien bei 2,1.[5]

Ist die Verdoppelung des Gesamteffekts durch den Langfristfaktor also etwa eine Art Naturgesetz? Leider lässt sich nicht einfach die (z. B. im klassischen MMM ermittelte) kurzfristige Wirkung mit zwei multiplizieren. Der Teufel steckt wie immer im Detail (vgl. Abb. 2.1):

* Die **Definition von kurzfristig vs. langfristig**: In manchen Studien wurde die Wirkung im ersten Jahr als Kurzfrist-, die Wirkung im zweiten und

---

[2] Lodish, L. M. / Abraham, M. / Kalmenson, S. / Livelsberger, J. / Lubetkin, B. / Richardson, B. / Stevens, M. E.: How T.V. Advertising Works. A Meta-Analysis of 389 Real World Split Cable T.V. Advertising Experiments. In: Journal of Marketing Research, Vol. 32(2), 1995, S. 125–139.

[3] Hu, Je / Lodish, L. M. / Krieger, A.M.: An Analysis of Real World TV Advertising Tests. A 15-Year-Update. In: Journal of Advertising Research, Vol. 47(3), 2007, S. 348.

[4] Srinivasan, S. / Vanhuele, M. / Pauwels, K.: Mind-Set Metrics in Market Response Models. An Integrative Approach. In: Journal of Marketing Research, Vol. 47(4), 2010, S. 679.

[5] Köhler, C. / Mantrala, M. K. / Albers, S. / Kanuri, V. K.: A Meta-Analysis of Marketing Communication Carryover Effects. In: Journal of Marketing Research, Vol. 54(6), 2017, S. 990–1008. Übrigens wird in dieser Studie der Langzeiteffekt per LTSE ausgedrückt („long-term share of total effect"). Dieser Wert liegt im Mittel bei 0,607, was einem Multiplikator von 2,54 entspricht (1/(1-0,607)).

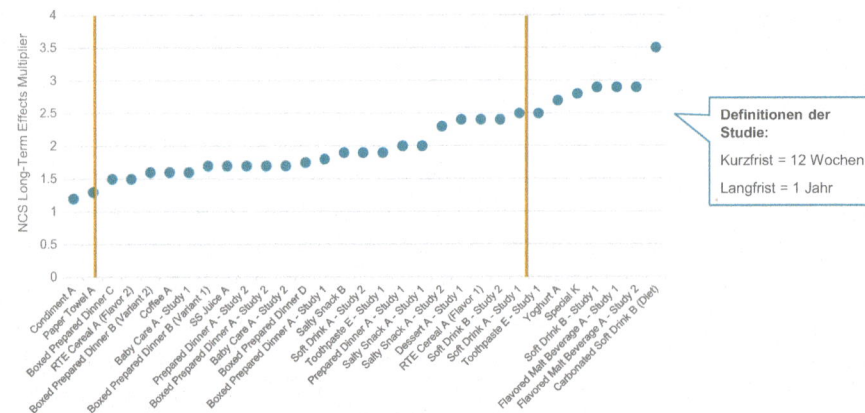

Abb. 2.1 Langfristmultiplikatoren für unterschiedliche Konsumgütermarken (Wood und Poltrack 2015, S. 129)

dritten Jahr als Langfristeffekt verstanden. Im anderen Extrem wurde nur Woche 1 als kurzfristig, die Wochen 2 bis 52 dagegen als langfristig betrachtet.[6] Entsprechend lassen sich die Multiplikatoren nicht studienübergreifend vergleichen, denn je kürzer der „short term" definiert wird, umso mehr Wirkung entfällt auf den „long term" und umso höher der Multiplikator. Clary und Dyson haben 2014 in einer wissenschaftlichen Metastudie Werte zwischen 1 und 14 gefunden.[7] Köhler et al fanden in ihrer Metastudie, dass im Mittel von 863 Messungen 90 % des Gesamteffekts nach knapp 9 Monaten erreicht wurden.[8]

- Die **Werte streuen je nach Marke und Produktkategorie**: Wood und Poltrack fanden Werte zwischen 1,2 und 3,5, wobei eine einheitliche Definition von kurzfristig vs. langfristig verwendet wurde. Die Multiplikatoren streuen allerdings stark zwischen verschiedenen Kategorien an Konsumgütern – siehe hierzu Abb. 2.1.[9]
- **Jede Marketingmaßnahme erreicht unterschiedliche Multiplikatoren**: So finden Srinivasan et al. einen Wert von 3,26 für Veränderungen der

[6] Berk Ataman, M. / Van Heerde, H. J. / Mela, C. F.: The Long-Term Effect of Marketing Strategy on Brand Sales. In: Journal of Marketing Research, Vol. 47 (October), 2010, S. 877.

[7] Clary, M. / Dyson, P.: The Case for Longterm Advertising. In: Admap Magazine, Februar 2014, http://data2decisions.com/wp-content/uploads/2014/02/ADM_0214_Data2Decisions.pdf (abgerufen am 18.01.2021).

[8] Köhler, C. / Mantrala, M. K. / Albers, S. / Kanuri, V. K.: A Meta-Analysis of Marketing Communication Carryover Effects. In: Journal of Marketing Research, Vol. 54(6), 2017, S. 1005.

[9] Wood, L. L. / Poltrack, D. F.: Measuring the Long-Term Effects of Television Advertising. In: Journal of Advertising Research, Vol. 55(2), 2015, S. 129.

Distribution vs. 1,9 für Promotions.[10] In einer Analyse des Unternehmens Gain Theory variieren die Werte je nach Mediakanal, z. B. 1,0 für Pay-per-Click (also kein Langfristeffekt), 1,24 für Social Media (24 % LT-Uplift), 1,71 für Print, 2,01 für Out-of-Home und 2,35 für TV.[11]

- **Bei Neuprodukten ist der Multiplikator im Mittel höher als bei etablierten Produkten**: Köhler et at ermittelten 4,74 für neue Produkte und 2,44 für bestehende.[12]

Diese Ergebnisse werden auch in einer gemeinsam durchgeführten Studie von GfK und SevenOne Media bestätigt: bei 204 analysierten Marken aus 22 Warengruppen lag der durchschnittliche Langfrist-ROI (5 Jahre) mit einem Wert von 2,65 beim 2,3-fachen des Kurzfrist-ROI (1 Jahr) von 1,15[13] (vgl. Abb. 2.2).

Wie wichtig die Berücksichtigung des langfristigen Effektes in der ROI-Diskussion ist, wird an der folgenden Beispielrechnung deutlich: Wenn man einen „wahren" Multiplikator von 1,8 nur um 0,5 Punkte zu hoch oder zu

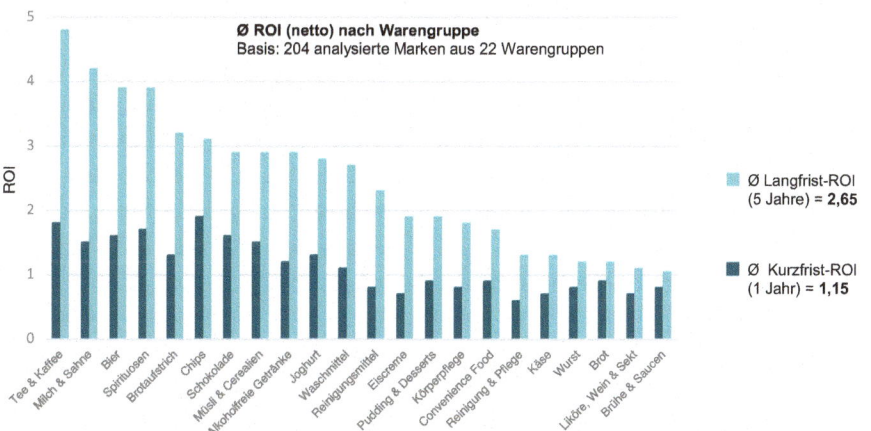

Abb. 2.2 ROI von TV-Werbung in 22 Warengruppen (Wildner und Modenbach 2015, S. 57)

[10] Srinivasan, S. / Vanhuele, M. / Pauwels, K.: Mind-Set Metrics in Market Response Models. An Integrative Approach. In: Journal of Marketing Research, Vol. 47(4), 2010, S. 679.

[11] Chappell, M.: The Long-term Impact of Media Investment, https://www.gaintheory.com/the-long-term-impact-of-media-investment/ (abgerufen am 13.01.2021).

[12] Köhler, C. / Mantrala, M. K. / Albers, S. / Kanuri, V. K.: A Meta-Analysis of Marketing Communication Carryover Effects. In: Journal of Marketing Research, Vol. 54(6), 2017, S. 1001 ff.

[13] Wildner, R. / Modenbach, G.: Über den längerfristigen ROI von TV-Werbung in einer vernetzten Welt. In: GfK Marketing Intelligence Research, Vol. 7(1), 2015, S. 57.

niedrig ansetzt (also fälschlicherweise von 2,3 bzw. 1,3 ausgeht), über- bzw. unterschätzt man den Gesamteffekt um ca. 28 %. Dies ist vor allem wichtig, da die Werte zwischen Marken einer Kategorie oftmals große Unterschiede aufweisen, so dass „Daumenregeln" keine valide Grundlage, insbesondere bei der Budgetoptimierung mehrerer Allokationseinheiten, darstellen.

Wovon hängt die Stärke des Langfristeffekts noch ab? Die Wissenschaft hat eine Reihe von Faktoren identifiziert:

- **Stärke der kurzfristigen Wirkung** (bei gleicher Definition des Zeitraumes zur Unterscheidung von Kurzfrist- und Langfristeffekt): Je stärker der Kurzfristeffekt, umso stärker der Langfristeffekt (Korrelation 0,59).[14] Im Umkehrschluss gilt: Ohne Kurzfristeffekt kein Langfristeffekt.[15] Die kurzfristige Wirkung wird zudem von etlichen Faktoren beeinflusst, u. a. von der Qualität der Copy, Werbeausgaben der Kampagne, Mediamix, Reach etc.
- **Höhe der wöchentlichen Werbeausgaben in der Kategorie**: Je höher die gesamten Werbeausgaben, desto höher der Multiplikator (Korrelation 0,52).[16]
- **Kauffrequenz (Länge des Kaufzyklus)**: Je länger die Zeit zwischen zwei Käufen, umso geringer der Langfristmultiplikator (Korrelation -0,38).[17]
- **Konversionsfaktor im Markenfunnel**: Produkte mit höheren Konversionsraten zeigen meist höhere Langfristmultiplikatoren. Nicht nur ein einmaliger Kauf zählt, sondern auch Veränderungen in der Markenbindung (z. B. der Wechsel vom Nichtkäufer zum gelegentlichen oder Wiederkäufer). Mit einem Aufstieg des Käufers auf der Stufe der Markenbindung steigt auch die Wahrscheinlichkeit für Folgekäufe der Marke und damit die Nachhaltigkeit der Werbewirkung.[18]

Wie lässt sich der Langfristeffekt ermitteln? Sowohl in der Wissenschaft als auch in der Praxis wird dieser **meist entweder über Carry-Over-Effekte oder über Brand Equity (oft auch Marken-Goodwill genannt) operatio-**

---

[14] Wood, L. L. / Poltrack, D. F.: Measuring the Long-Term Effects Of Television Advertising. In: Journal of Advertising Research, Vol. 55(2), 2015, S. 130.

[15] „[…] if TV advertising works in the short term, its impacts are doubled over the next 2 years. If the TV advertising does not work in the first year, it will not have any long-term impact." (Hu, Je / Lodish, L. M. / Krieger, A.M.: An Analysis of Real World TV Advertising Tests. A 15-Year-Update. In: Journal of Advertising Research, Vol. 47(3), 2007, S. 348.).

[16] Wood / Poltrack 2015: ebenda.

[17] Wood / Poltrack 2015: ebenda.

[18] Wildner, R. / Modenbach, G.: Über den längerfristigen ROI von TV-Werbung in einer vernetzten Welt. In: GfK Marketing Intelligence Research, Vol. 7(1), 2015, S. 55–60.

nalisiert.[19] Beim Carry-Over-Ansatz quantifiziert man direkt im (Regressions-) Modell, inwieweit Marketingaktivitäten auch nach ihrer Sichtbarkeit noch zeitlich nachwirken. Beim Brand-Equity-Ansatz misst man separat, was die Käufer über eine Marke wissen, fühlen und erlebt haben. Klassische Marken-KPIs sind Ad Awareness, Likeability und Consideration. Diese können entweder direkt als zusätzliche Einflussvariablen in das Modell aufgenommen oder indirekt, statistisch stark verdichtet als Einfluss der Brand Equity auf Sales, in einem zweistufigen Prozess quantifiziert werden. Zweistufig insofern, dass zunächst die Wirkung der Marketingmaßnahmen auf die Brand Equity und dann die Wirkung der Brand Equity auf Sales berechnet wird.

Brand-KPIs können Marketing-Mix-Modelle deutlich verbessern: Ein internationales Forschungsteam hat in einer breit angelegten Studie mit 62 Marken in vier Produktkategorien gezeigt, dass die Integration von „Mindset Metrics" (Ad Awareness, Likeability, Consideration) in Absatzmodellen (wie klassischen MMMs) die erklärte Varianz um fast ein Drittel erhöht (vgl. Abb. 2.3).[20] Häufig wird dennoch nur mit Carry-Over-Effekten gearbeitet, da Brand-KPIs oft nicht in der nötigen zeitlichen Granularität (möglichst wöchentlich) und historisch konsistent vorliegen.

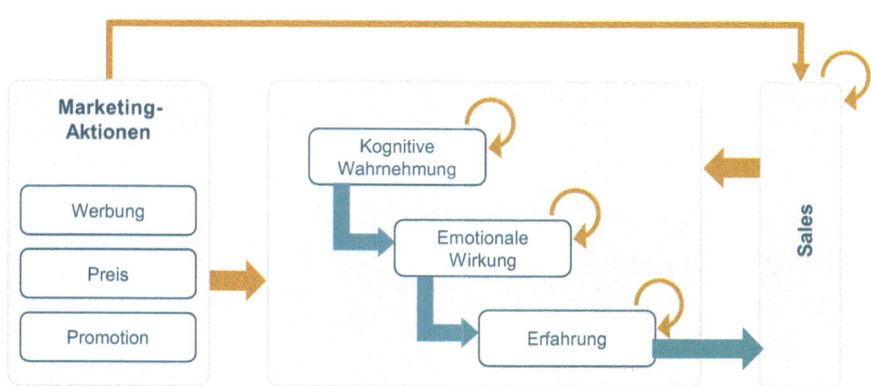

Abb. 2.3 Integration von „Mindset Metrics" in Absatzmodelle (übersetzt aus Pauwels, 2021 (Pauwels, K.: How to create KPIs, https://analyticdashboards.wordpress.com/2021/02/14/how-to-create-kpis/ (abgerufen am 07.05.2021)))

---

[19] Zur Messung von Brand Equity vgl. z. B. Hein, S. / Schlereth, C. / Mueller-Klockmann, T.: Long-Term Brand Equity Measurement. Status Quo and Challenges. In: Transfer, Vol. 65(3), 2019, S. 6–11.

[20] Srinivasan, S. / Vanhuele, M. / Pauwels, K.: Mind-Set Metrics in Market Response Models. An Integrative Approach. In: Journal of Marketing Research, Vol. 47(4), 2010, S. 681.

2.3   Benchmarks aus der Praxis zeigen Faktor 2 und große Streuung

Unsere eigenen Projekte mit Klienten aus unterschiedlichen Industrien bestätigen die Befunde der Wissenschaft (vgl. Abb. 2.4):

- Der durchschnittliche Langfristmultiplikator für TV-Werbung liegt in der Größenordnung von 2, d. h. die **Gesamtwirkung inklusive der längerfristigen Markenwirkung ist rund doppelt so hoch wie der kurzfristige Sales uplift**.
- Die **Streuung ist selbst innerhalb des gleichen Mediakanals hoch**: Für TV variieren die Multiplikatoren je nach Industrie und Marke von knapp über 1 bis über 4.
- Traditionelle ATL-Kanäle wie TV und Out-of-Home haben im Durchschnitt höhere Langfristwirkungen als Onlinekanäle wie SEA oder Display

Die Operationalisierung der Langfristwirkung (Zwei-Jahres-Perspektive) erfolgt im Rahmen unserer Arbeit bei Analyx über das Brand Reservoir (BR). Das BR stellt eine Verbindung her zwischen Marketingausgaben und Brand-KPIs auf der einen Seite sowie dem Salespotenzial auf der anderen Seite. Dafür wird ein Strukturgleichungsmodell erstellt, das individuell für die jeweilige Marke bzw. Produktkategorie angepasst wird. Die Brand-KPIs stammen in der Regel aus dem hochfrequenten Markentracker eines Datenpartners (vgl. Abb. 2.5).

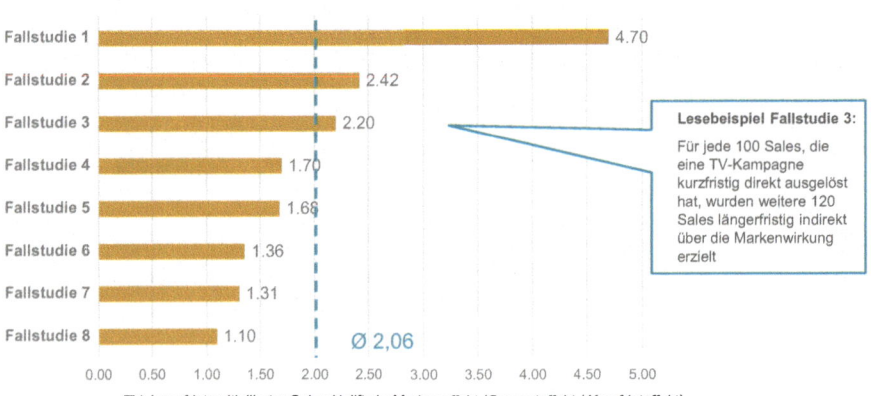

Abb. 2.4 Langfristmultiplikator von TV-Werbung, Benchmarks aus unseren Kundenprojekten (eigene Darstellung)

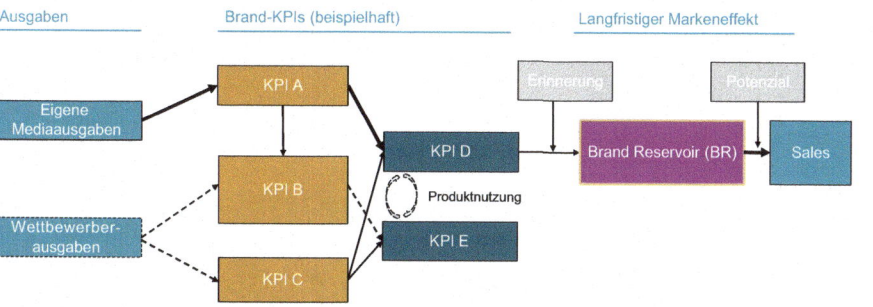

Abb. 2.5 Analyx-Konzept des Brand Reservoir (eigene Darstellung)

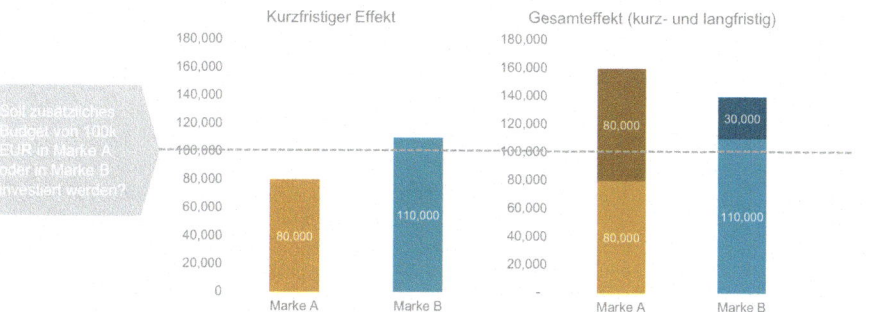

Abb. 2.6 Inkrementelle Umsatzeffekte bei zusätzlichen Marketinginvestitionen (eigene Darstellung)

Erst die Quantifizierung des Langfristeffekts in Sales ermöglicht auch die Berechnung des vollständigen Return on Marketing Investment inklusive des Markeneffekts. In der folgenden Abb. 2.6 (vgl. Abb. 2.6) ist ein Beispiel aus der Konsumgüterindustrie dargestellt. Dieses zeigt, wie sich der Gesamtreturn zweier Marken (bzw. Produktvarianten) zusammensetzt. Dabei wird deutlich, dass eine ausschließliche Betrachtung des kurzfristigen Returns zu ganz anderen Schlussfolgerungen und damit Fehlallokationen führen kann. Entsprechend lassen sich natürlich auch die ROI einzelner Mediakanäle ermitteln.

2.4 Empfehlungen für Unternehmensentscheider/-innen

Die Wissenschaft und unsere eigenen Praxiserfahrungen bestätigen, dass die Langzeitwirkung von Marketing eine relevante Größe bei der Optimierung ist, die explizit erhoben werden sollte. Sie zu ignorieren führt zu signifikanten

Fehlallokationen und Ineffizienzen und kann die Marke sogar erheblich schädigen. Die Annahme eines pauschalen Langfristfaktors führt aber ebenfalls in die Irre und sollte lediglich beim Fehlen jeglicher Werte temporär in Erwägung gezogen werden. Welche Schritte sind also konkret zu unternehmen?

Organisatorische Erfolgsfaktoren

 Datenbasis aufbauen:
Für eine belastbare Quantifizierung des Gesamteffekts aus Kurzfrist- und Langzeitwirkung braucht es eine mindestens dreijährige Datenhistorie mit Wochendaten. Die zentralen Bausteine sind detaillierte Salesdaten, Preis- und Promotiondaten, ATL-Spendings und Online-KPIs, Wettbewerberausgaben sowie relevante Marken-KPIs.

 Langfristeffekte explizit für die Optimierung der Budgetallokation nutzen:
Nur wenn man den Langfristeffekt jeder Maßnahme bzw. jedes Kanals für eine Marke kennt, kann man das Budget wirklich optimal allokieren, denn manche Kanäle gewinnen erst durch die Einbeziehung ihrer Langfristbetrachtung. Daher ist ein Wechsel von klassischen, isolierten Betrachtungsebenen zu integrierten Budgetallokationsmodellen das ultimative Ziel.

Methodische Erfolgsfaktoren

 Marken-KPIs nutzen:
Während ein traditionelles MMM mit Fokus auf Kurzfristeffekten auch ohne Marken-KPIs auskam, sind diese für moderne Modelle zur Entscheidungsunterstützung für die Langzeitbetrachtung in vielen Industrien sehr wichtig. Diese Marken-KPIs werden über hochfrequente Werbetrackings (z. B. von YouGov, AdNow, Ipsos etc.) zur Verfügung gestellt. Von zentraler Bedeutung sind u. a. Ad Awareness, Consideration und ausgewählte Imagedimensionen (z. B. Likeability, Value, Quality), aber auch Buzz. Die Daten sollten idealerweise in wöchentlicher Granularität vorliegen.

 Langfristeffekt nicht nur auf Marke, sonden auch auf Sales quantifizieren:
Die Langfristeffekte müssen letztlich in der gleichen "harten" Währung wie die Kurzfristeffekte gemessen werden, also in Sales oder Leads. Dafür braucht es die Kombination von traditionellen MMM-Elementen und Brand Equity in einem integrierten Gesamtmodell.

3

Auf die richtige Balance kommt es an: Image- vs. Performance-Marketing

Eine direkte Implikation davon, dass Marketinginvestitionen kurzfristige und langfristige Wirkungen haben, ist die Frage der richtigen Budgetverteilung zwischen diesen beiden wesentlichen Zielstellungen der Marketinginvestitionen:

- Direkte Absatzförderung (= Performance-Werbung) vs.
- Markenbildung (= Imagewerbung) für verzögerte, aber langlebige Absatzförderung.

3.1 Das Performance-Versprechen

Global betrachtet überstiegen die Ausgaben für **digitale Werbung im Jahr 2019 erstmals die 50 %-Marke**. Wie in Abb. 3.1 (vgl. Abb. 3.1) dargestellt, gehen Marktexperten von weiter steigender Tendenz aus:

In Deutschland allein wurden letztes Jahr (2020) erstmals über €10 Mrd. für Digitalwerbung insgesamt ausgegeben, dies entspricht fast der Hälfte des Gesamtwerbemarktes (siehe Abb. 3.2). Über zwei Drittel davon wurden programmatisch gebucht (vgl. Abb. 3.2).[1]

Nun gelten natürlich nicht unbedingt die Faustformeln „Digital = Performance" und „Offline = Image" (siehe dazu Abschn. 3.3 und 3.5), aber dennoch: Insbesondere dem programmatischen Teil der Digitalwerbung haftet

---

[1] Duvinage, B.: Digitale Werbung wächst 2020 um 8,6 Prozent, https://www.wuv.de/marketing/digitale_werbung_waechst_2020_um_8_6_prozent (abgerufen am 17.02.2021).

S. Stürze et al., *Agiles Marketing Performance Management*, https://doi.org/10.1007/978-3-658-34815-1_3

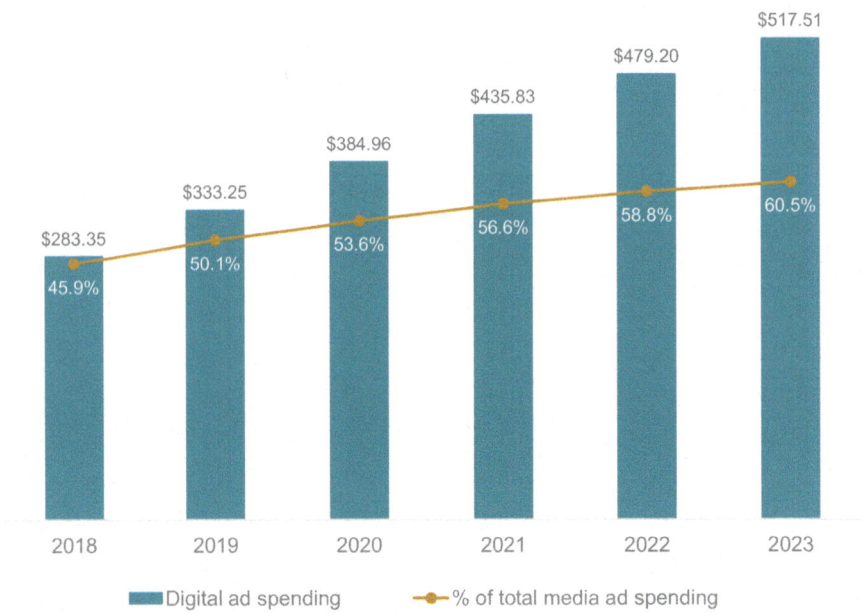

Note: Includes advertising that appears on desktop and laptop computers as well as mobile phones, tablets and other internet-connected devices; Excludes SMS, MMS and P2P messaging-based advertising

Abb. 3.1 Weltweite Ausgaben für digitale Werbung und Anteil an Werbeausgaben im Zeitverlauf (Enberg 2019 (Enberg, J.: Global Digital Ad Spending 2019, https://www.emarketer.com/content/global-digital-ad-spending-2019 (abgerufen am 17.02.2021).))

vielfach eine Art eingebautes Performance-Versprechen an aufgrund der typischerweise

- gezielteren Aussteuerbarkeit (Targeting) auf spitze Zielgruppen,
- direkteren Messbarkeit des Effektes in Zwischengrößen wie Klicks (siehe Kap. 7 zu diesen beiden Aspekten) und
- weil die Werbung auf den meisten digitalen Kanälen zeitlich näher an der Kaufentscheidung des Konsumenten ansetzt („lower funnel"), also eine direktere Wirkung auf den Absatz zu erwarten ist (siehe Abschn. 3.3 zur Wirkung von Digitalwerbung).

Dieses „Performance-Versprechen" digitaler Werbung erklärt die zunehmende Attraktivität von digitalen Werbeformen auch bei Markenartikel-Herstellern, welche im traditionellen Handel oftmals keinen direkten Effekt ihrer digitalen Werbung auf Einzelkundenebene messen können. Allerdings ließ die Katerstimmung nicht lange auf sich warten – Adidas uns P&G sind dabei die wahrscheinlich prominentesten Beispiele:

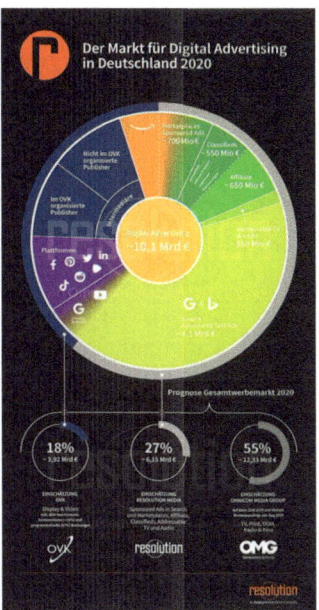

Abb. 3.2 Ausgaben für digitale Werbung in Deutschland 2020 (Schasche 2020 (Schasche, S.: Digitaler Werbemarkt bleibt trotz Corona stark, https://www.wuv.de/marketing/digitaler_werbemarkt_bleibt_trotz_corona_stark (abgerufen am 17.02.2021); Hinweis: Da die Offline-Werbung in dieser Quelle auf Bruttospendings basiert, wird ihr Anteil höchstwahrscheinlich sogar überschätzt, d. h. auch in Deutschland ist von einem >50 % Digitalanteil auszugehen.))

> *„Die Debatte darüber, ob die Werbebranche die Marke auf dem Altar der Performance geopfert hat, bekommt neue Nahrung – und zwar aus Herzogenaurach.‟*[2]
>
> *„Adidas admits that a focus on efficiency rather than effectiveness led it to over-focus on ROI and over-invest in performance and digital at the expense of brand building.‟*[3]
>
> *„In 2017, the bloom came off the rose for digital media. The reason is the substantial waste in what has become a murky, non-transparent, even fraudulent digital media supply chain.‟*[4]

---

[2] Rentz, I.: Der Fall Adidas verschärft den Kampf der Gattungen, https://www.horizont.net/marketing/nachrichten/performance-vs.-marke-der-fall-adidas-verschaerft-den-kampf-der-gattungen-178503 (abgerufen am 17.02.2021).

[3] Vizard, S.: Adidas: We over-invested in digital advertising, https://www.marketingweek.com/adidas-marketing-effectiveness/ (abgerufen am 17.02.2021).

[4] Pellikan, L: Marc Pritchards Warnung an die Digitalbranche im Wortlaut, https://www.wuv.de/marketing/marc_pritchards_warnung_an_die_digitalbranche_im_wortlaut (abgerufen am 17.02.2021).

Es kann nun verschiedene Gründe geben, warum der Mitteleinsatz insbesondere im digitalen Marketing hinter den Erwartungen in Sachen Absatzwirkung zurückbleibt. Dazu gehören zum Beispiel die Aktivität **nichtmenschlicher „Bots"**, welche messbare Klicks erzeugen, aber nicht wirklich empfänglich für die Werbebotschaften sind.[5] Oder auch intransparente bzw. schlicht **überzogene Angaben zur erreichten Werbereichweite** oder anderer KPIs.[6] Auf diese Aspekte geht der CMO von P&G – Marc Pritchard – in seiner oben zitierten Kritik der „Media Supply Chain" besonders ein.

Ein dritter Grund ist – und hierfür ist Adidas ein gutes Beispiel –, dass die Balance zwischen Image- und Performance-Werbung gestört ist. Technischer ausgedrückt: **Das Verhältnis zwischen Investitionen in kurzfristige Absatzwirkung vs. langfristige Markenwirkung ist suboptimal.** Dies hat zur Folge, dass zwar kurzfristig zum Teil beeindruckende Absatzerfolge erzielt werden, aber durch unzureichende Investitionen in das Markenimage verpuffen diese mittelfristig. Mit letzterem Aspekt beschäftigen sich die folgenden Unterkapitel.

3.2 Wo hört Image auf, wo fängt Performance an?

Dieser Frage kann man sich einerseits mit Erfahrungswissen nähern. Werden beispielsweise Marketingentscheider/-innen dazu befragt, welche Mediakanäle nach deren Einschätzung eher für Performance-Marketing geeignet sind und welche eher für die Markenbildung, so ergeben sich typischerweise Ergebnisse, wie sie in Abb. 3.3 (vgl. Abb. 3.3) dargestellt sind. Diese basiert auf einer Befragung, die 2021 von der Fachzeitschrift Horizont unter Marketingentscheider/-innen in Deutschland, Österreich und der Schweiz durchgeführt wurde:

Marketingwissenschaftler/-innen haben über die Jahre immer wieder Systematiken publiziert, welche die Wirkungen der verschiedenen Mediakanäle mit dem bekannten Konzept des Marketing-Funnels verheiraten. Typischerweise wird dabei einigen Mediakanälen (insb. TV-Werbung) dabei eine entsprechend stärkere Wirkung im „upper funnel" (= Markenbildung) zu-

---

[5] Fou, A.: When Big Brands Stopped Spending On Digital Ads, Nothing Happened. Why?, https://www.forbes.com/sites/augustinefou/2021/01/02/when-big-brands-stopped-spending-on-digital-ads-nothing-happened-why (abgerufen am 15.02.2021).

[6] Spangler, T.: Facebook's Sheryl Sandberg Knew About Inflated Ad-Reach Figures for Years, Lawsuit Claims, https://variety.com/2021/digital/news/facebook-sheryl-sandberg-inflated-ad-reach-metric-lawsuit-1234910323/ (abgerufen am 14.02.2021).

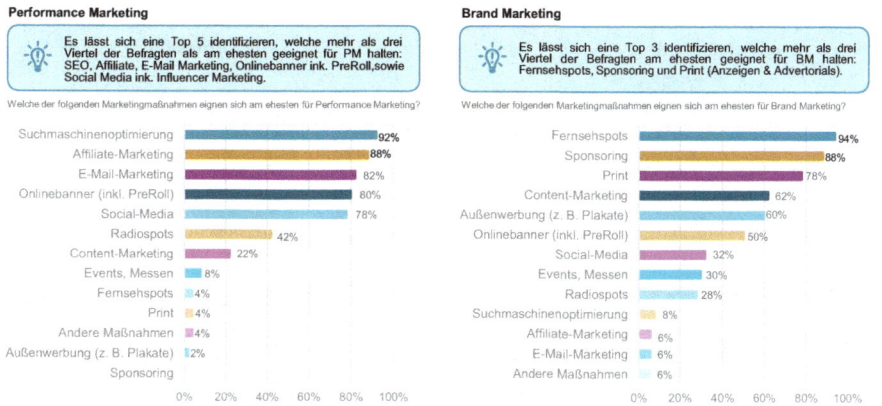

Abb. 3.3 Eignung von Medienkanälen für Performance- und Brand Marketing (Horizont 2021 (Rentz, I.: Update für eine intensiv geführte Debatte, https://www.horizont. net/marketing/nachrichten/brand-vs.-performance-update-fuer-eine-intensiv-gefuehrte-debatte-189174 (abgerufen am 17.02.2021).))

geschrieben, während vor allem Kanäle wie Suchmaschinenmarketing eher auf der „lower funnel" (= Absatzförderung) des Spektrums zu finden sind.

Ein Beispiel für eine solche Systematisierung hat Dr. Augustine Fou[7] vorgestellt, diese ist in Abb. 3.4 (vgl. Abb. 3.4) dargestellt. Wie man sieht, folgt er hierbei der sehr strikten Ansicht, dass sämtliche digitalen Kanäle auf der Performance-Seite des Spektrums anzusiedeln sind. Dass dies nicht unbedingt der Fall sein muss, behandeln wir im folgenden Kapitel.

3.3 Kann Digitalwerbung überhaupt imagebildend sein?

Die kurze Antwort ist: JA! Aber nicht alle digitalen Kanäle wirken markenbildend, ebensowenig wie alle Offline-Kanäle dies tun (z. B. Couponing). Daher sind Aufzählungen und Nomenklaturen wie im vorigen Kapitel sicherlich ein erster hilfreicher Schritt und für die meisten Anwendungsfälle bieten sie eine ausreichend gute Orientierung. Aber wenn es um eine nachhaltige und regelmäßige Optimierung der Budgetallokation geht, greifen sie zu kurz. Und zwar nicht nur, weil ständig neue Medienkanäle hinzukommen (an Bewegtbild-Werbung auf TikTok war zum Beispiel vor 2018/19 noch nicht zu

[7] Fou, A.: Unified Marketing Framework – When To Use Which Tactic, https://www.forbes.com/sites/augustinefou/2021/01/17/unified-marketing-frameworkwhen-to-use-which-tactic/?sh=1a516574201b (abgerufen am 12.02.2021).

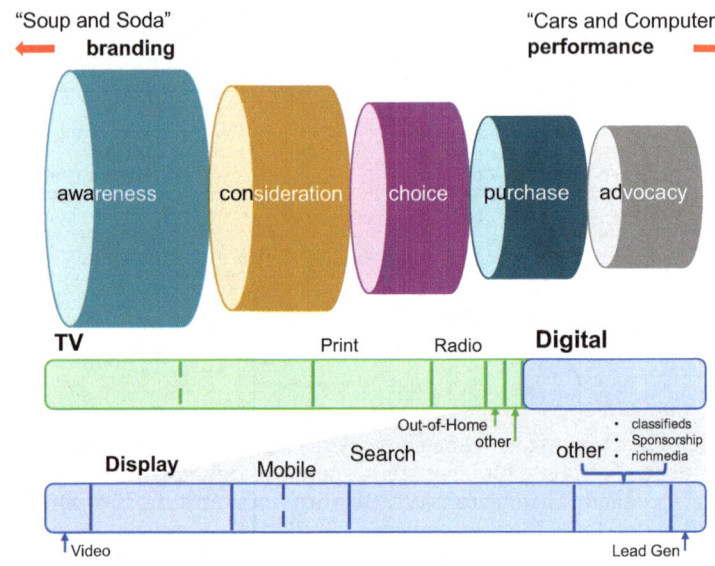

Abb. 3.4 Systematisierung von Medienkanälen entlang des Marketingfunnels (Fou 2021)

denken), sondern auch, weil sich das Konsumentenverhalten im Umgang mit diesen Kanälen über Zeit ändert.

Ein gutes Beispiel hierfür ist Bewegtbild-Werbung auf digitalen Kanälen wie YouTube. Der „üblichen" Nomenklatur aus dem vorigen Kapitel folgend, würde man erwarten, dass YouTube als digitaler Kanal überwiegend kurzfristige Performance-Wirkung hat. Dem widersprechen allerdings die empirischen Erkenntnisse aus quantitativem Modeling zunehmend: Abb. 3.5 (vgl. Abb. 3.5) basiert auf einem aktuellen Marketing-Mix-Model eines europäischen Telekommunikationsanbieters. Beispielhaft werden vier Mediakanäle bzgl. ihres Effektes auf den Absatz binnen eines Jahres verglichen – je höher die Säule, desto effektiver der Kanal binnen 12 Monaten.

- Es mag nicht verwundern, dass Suchmaschinenmarketing in dieser Produktkategorie der mit Abstand effektivste Kanal ist. Der Abschluss eines Vertrages ist eine nicht unerhebliche Investition und wenn potentielle Kunden nach der Produktkategorie suchen, haben sie sich bereits länger mit dem Gedanken an einen Abschluss befasst.
- YouTube schneidet da deutlich schlechter ab, allerdings etwas besser als Werbung im klassischen linearen Fernsehen.
- Wichtig ist aber in dem Fall erneut der Langfristmultiplikator (siehe Kap. 2): Denn die **Effektivität von YouTube ist nochmal um 48 % stär-**

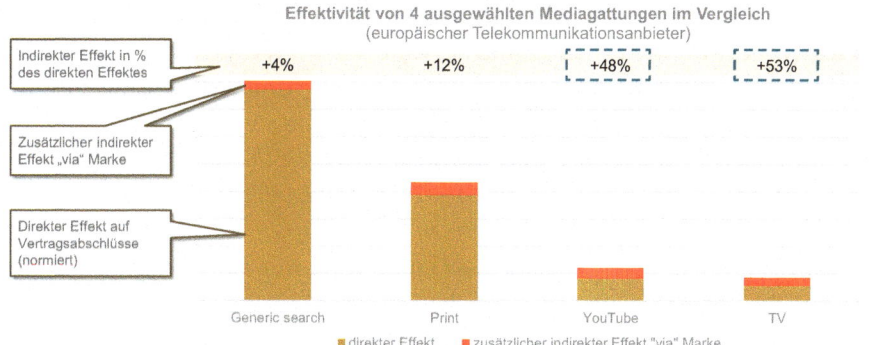

Abb. 3.5 Imagebildende Wirkung digitaler vs. Offline-Kanäle (eigene Darstellung)

ker als der reine Kurzfristeffekt, indem Werbung dort die Marke auf-
lädt. Dieser Brand Multiplier ist nur unwesentlich kleiner als für
TV. Suchmaschinenmarketing hat hingegen fast keine markenbildende Wirkung.

Wie kommt diese unterschiedliche markenbildende Wirkung von Medienkanälen aber zustande? Keiner der Autoren dieses Buches ist Neuro-
wissenschaftler, daher verweisen wir an der Stelle auf das kürzlich erschienene
Buch „The Attention Economy" von Dr. Karen Nelson-Field, was sich aus-
schließlich diesem Thema widmet.[8] Die wesentlichen Zusammenhänge erschließen sich jedoch bereits mit gesundem Menschenverstand und lassen
sich auf zwei einfache Aussagen bringen: **Markenbotschaften sind mittelfristig nur dann absatzwirksam, wenn sie „sticky" im Gehirn des Konsumenten sind. Und „sticky" können Sie nur dann sein, wenn der Konsument die Botschaften aufnehmen will und kann**.

„Attention" ist daher das wesentliche Konzept in der Arbeit von Dr. Nelson-Field – genauer gesagt die auf Werbebotschaften gerichtete Aufmerksamkeit. Mit mangelnder Aufmerksamkeit in diesem Sinne lässt sich einerseits erklären, warum Suchmaschinenmarketing weit weniger markenbildend
ist, als TV-Werbung: Wenn Konsumenten nach der Kategorie Wasch-
maschine suchen, so ist zu erwarten, dass sie eher ein Informationsbedürfnis
haben oder auf Preis-Recherche sind und darauf ihr Augenmerk liegt. Die
Empfänglichkeit für Markenbotschaften ist in dem Moment erwartungsgemäß gering.

---

[8] Nelson-Field, K.: The Attention Economy and How Media Works: Simple Truths for Marketers, Pal-
grave Macmillan, 2020.

Darüber hinaus lassen sich klare Zusammenhänge erkennen zwischen der Effektivität eines Mediakanals und verschiedenen Metriken der Aufmerksamkeit wie zum Beispiel der Sichtbarkeit sowie der ungeteilten Konzentration der Konsumenten auf die jeweilige Botschaft. Abb. 3.6 (vgl. Abb. 3.6) zeigt hierfür einige Beispiele. Als Maß der Effektivität hat Dr. Nelson-Field in ihren Experimenten den Sales Uplift bei einem virtuellen Einzelhändler verwendet (STAS):

Dan White hat diese Erkenntnisse kombiniert mit den durchschnittlichen Kosten der entsprechenden Kanäle (basierend auf Daten aus dem Vereinigten Königreich) und liefert damit ein konsistentes Bild mit dem obigen Modeling-Projekt und dem Zusammenhang mit **„Attention" als Kernkonzept** (vgl. Abb. 3.7).

Die etwas verkürzte Kernbotschaft lautet also: **Ohne (möglichst ungeteilte) Aufmerksamkeit des Konsumenten auf die Werbebotschaft – keine markenbildende Wirkung.** Und der kosten-effizienteste Weg zur Erlangung von Aufmerksamkeit ist derzeit immer noch die Werbung im linearen TV, mittlerweile dicht gefolgt von YouTube.

Da dem so ist, wird eine spannende Frage im Marketing der nächsten fünf Jahre sicherlich sein, wie Marketingentscheider/-innen die **markenbildende**

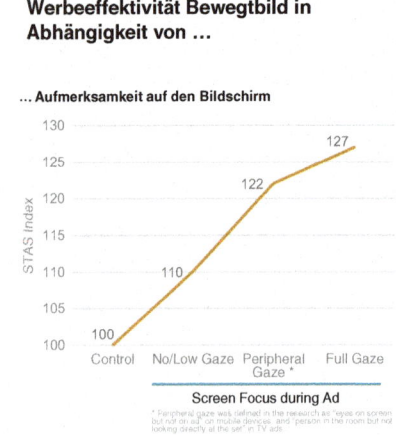

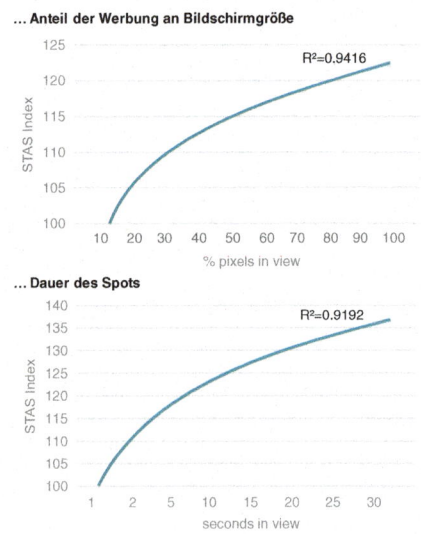

Abb. 3.6 Zusammenhang zwischen Werbeeffektivität (y) und verschiedenen Metriken der Aufmerksamkeit der Konsumenten (Dentsu 2019 (Mehrere Autoren: The Attention Economy (White Paper), https://www.dentsu.com/attention-economy#top (abgerufen am 19.02.2021)))

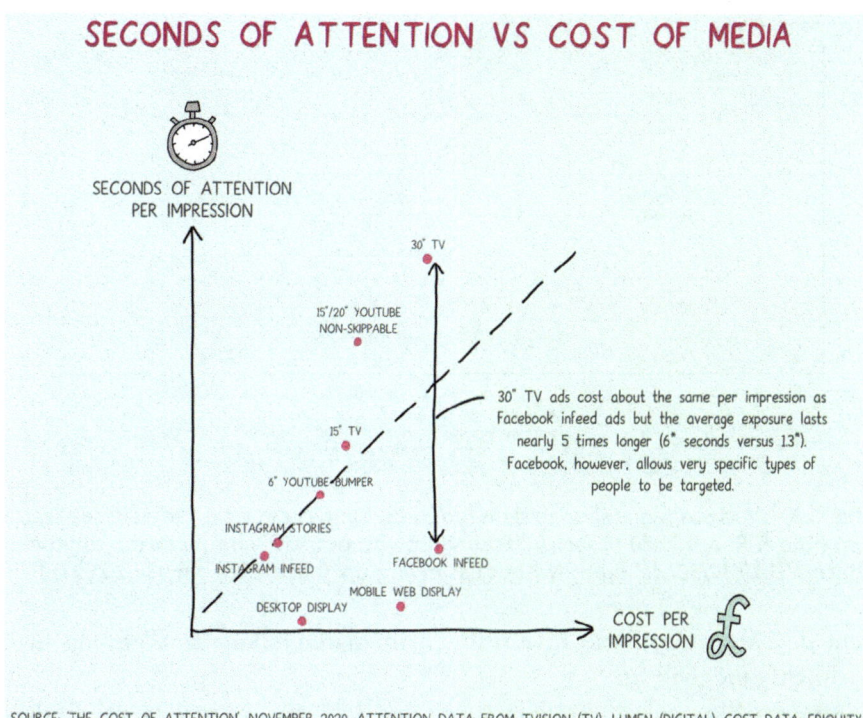

Abb. 3.7 Aufmerksamkeit vs. Mediakosten (White 2020 (White, D.: The Smart Marketing Book: The Definitive Guide to Effective Marketing Strategies, LID Publishing, 2020; Auszug des Buches bereitgestellt unter https://www.linkedin.com/posts/danwhite1000_smartmarketingdw-marketing-branding-activity-6747552267248918528-twry (abgerufen am 10.02.2021).))

Wirkung von TV substituieren können, in Anbetracht der Tatsache, dass insbesondere junge Zielgruppen immer weniger lineares TV schauen.

3.4 Aber wie findet man nun die optimale Balance?

Nun aber zurück zur optimalen Budgetallokation zwischen Image und Performance. Marketingwissenschaftler haben mit Daten junger E-Commerce-Unternehmen herausgearbeitet (vgl. Abb. 3.8), dass Absatzwachstum bis zu einem gewissen Punkt unproblematisch möglich ist unter Nutzung von Performance-Kanälen. Danach erreicht der Absatz allerdings ein Plateau, von

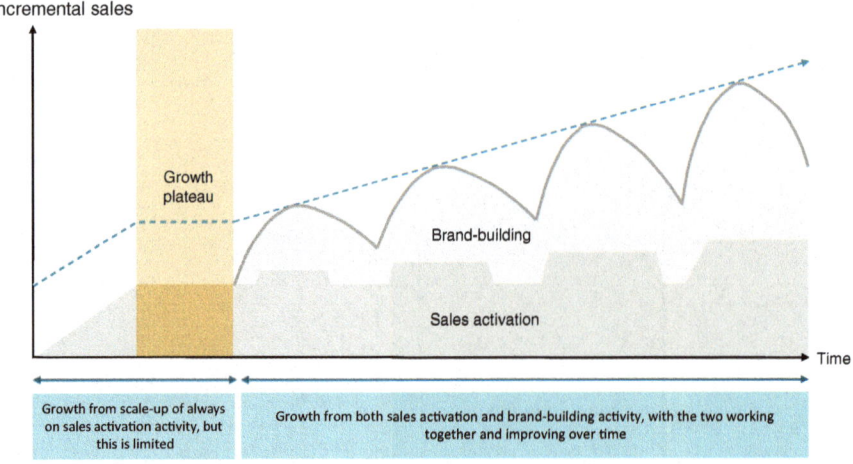

Abb. 3.8 Wachstumsplateau, ab dem Brand building nötig wird für weiteres Wachstum (Kite & Roach 2020 (Roach T.: Scaling up without screwing up, https://thetomroach.com/2020/12/30/scaling-up-without-screwing-up/ (abgerufen am 03.02.2021).))

dem der Absprung ohne Investitionen in markenbildende Werbung nicht nachhaltig möglich ist:

Ab dem Moment ist die Frage nach der richtigen Balance in der Budgetallokation hoch relevant, um die oben erwähnte Adidas-Falle zu vermeiden. Marketingentscheider/-innen arbeiten hier oft mit Daumenregeln wie:

- 50 % Performance/50 % Image,[9]
- immer 10 % des Budgets zurücklegen zum Aufbau innovativer Marken,[10]
- oder ähnlichen Heuristiken.

Modernes Modeling eröffnet jedoch die Möglichkeit, diese Entscheidung deutlich näher am Optimum zu treffen und zudem regelmäßig zu hinterfragen: Voraussetzung ist hierbei vor allem der saubere Einbau mittelfristiger Wirkung von Werbung auf die Markenstärke sowie eine Quantifizierung der Absatzwirkung von Marke wie in Kap. 2 beschrieben. Wenn ein Modeling dies unterstützt, so kann es auch die Frage nach der optimalen Balance objektiv und genau beantworten. Und dabei ist es eben *nicht* erforderlich, dass das

---

[9] Rentz, I.: „Performance-Marketing ohne Investments in die Marke ist nicht zielführend", https://www.horizont.net/marketing/nachrichten/debatte-zur-mediastrategie-performance-marketing-ohne-investments-in-die-marke-ist-nicht-zielfuehrend-178646 (abgerufen am 17.02.2021).

[10] Robertson, G.: Zero-based budgeting works in theory, but not in reality, https://beloved-brands.com/2019/03/16/zero-based-budgeting/ (abgerufen am 18.02.2021).

Marketing a priori eine Entscheidung trifft, welche Kanäle imagebildend und welche „nur" absatzfördernd sind (wie in Abschn. 3.2 dargelegt).

Stattdessen ist es ein *Ergebnis* **des Modelings, welche Wirkung welcher Kanal hat.** Auf dieser Basis wird eine (regelmäßige) Optimierung der Budgetallokation zwischen Image und Performance genauso möglich wie eine Optimierung der Allokation auf verschiedene Marken und Produktgruppen (siehe Kap. 1). Das kann zum Beispiel so funktionieren, dass eine **Budgetoptimierung eine langfristige Zielstellung hat (= das Optimierungskriterium) und dies flankiert wird mit einer kurzfristigen Leitplanke** – wie in folgendem Beispiel:

Zielstellung	Nebenbedingung (Leitplanke)	Ergebnis
Maximiere den erzielbaren Absatz der nächsten 3 Jahre (=Summe aus kurzfristigem Performance-Effekt und Langfristeffekt „via" Marke)	*Absatz der kommenden 6 Monate muss jedoch mindestens Vorjahresniveau erreichen.*	Budgetallokation mit so viel Performance-Anteil, dass der kurzfristige Absatz nicht einbricht, aber die langfristigen Ziele erreicht werden

Alternativ kann sich das Marketing entscheiden, kurzfristige Ziele zu verfolgen, ohne die Langfristwirkung der Handlungen aus den Augen zu verlieren:

Zielstellung	Nebenbedingung (Leitplanke)	Ergebnis
Maximiere den erzielbaren Absatz der nächsten 6 Monate	*Die Markenstärke soll allerdings nicht unter den heutigen Wert fallen, wenn wir den gleichen Marketingmix 3 Jahre lang durchhalten*	Budgetallokation mit hohem Performance-Anteil, allerdings ausreichend Imagewerbung, um die Marke langfristig zu stützen

Diese Arten von Budgetoptimierung sind nur mit ökonometrischen Modellen möglich, wie sie in Kap. 1 und 2 eingeführt wurden. Ein gut dokumentierter Fehler von Adidas war der übermäßige Einsatz rein digitaler Attribution wie z. B. „Last click". Dies führt dazu, dass der Absatzeffekt eines Kaufaktes immer dem letzten Touchpoint vor dem Kauf zugeschrieben wird, was meist ein Performance-Kanal sein dürfte. **So führt „Last Click" über Zeit zu einer immer stärkeren Erosion der Markeninvestitionen und nachweislich zu einer suboptimalen Allokation von Budgets**[11] (siehe hierzu Kap. 7).

---

[11] Haan, E. / Wiesel, T. / Pauwels, K.: The effectiveness of different forms of online advertising for purchase conversion in a multiple-channel attribution framework, In: International Journal of Research in Marketing, Vol. 33(3), 2016, S. 491–507.

3.5   „Seeding" macht keinen Sinn ohne „Harvesting"

Bei allen Überlegungen zur optimalen Budgetallokation zwischen marken-
bildender und kurzfristig absatzfördernder Werbung sollte man abschließend
nicht außer Acht lassen, dass all dies keine entweder-oder-Entscheidungen
sind. Mit anderen Worten: **Die Aufladung, welche imagebildende Werbung generiert, muss im lower funnel sauber aufgefangen werden.** Der
Performance-Effekt, welchen man sich zum Beispiel durch Suchmaschinen-
Marketing erhofft, tritt nur dann ein, wenn auch die noch tiefer im Funnel
befindlichen Touchpoints das Versprechen erfüllen. Kurz gesagt: Es ist eine
Strategie des „Full-Funnel-Marketing" erforderlich.[12]

Eines der besten Fallbeispiele hierfür geht auf die Zeit zurück, in der kom-
pakte Digitalkameras noch nicht im gleichen Maße wie heute durch Smart-
phones substituiert wurden: Mitte der 2000er-Jahre hat Kodak einen erheblichen
Aufwand betrieben und hohe Werbeinvestitionen getätigt, um Markenwahrnehmung in dieser Kategorie aufzubauen. Fast das gesamte digitale Werbebudget
wurde für Displaywerbung ausgegeben, um die Bekanntheit der Marke zu steigern, aber damit auch die Kategorie Digitalkamera bekannt zu machen.

Was Kodak übersah: Konsumenten suchen in dieser Kategorie weniger den
Markennamen als die Kategorie selbst („Digitalkamera"), um sich angesichts
einer hohen Investition breiter zu informieren. Abb. 3.9 (vgl. Abb. 3.9) zeigt
die relativen Häufigkeiten je Suchbegriff:

Da allerdings Kodaks Wettbewerber Canon und Fuji zu dieser Zeit besser
optimierte Webseiten hatten und zudem mehr Reviews auf Amazon, war ihr
Search Rank bei einer Google Suche klar vor Kodak. Sie konnten so letztlich
im lower Funnel die Früchte ernten, die Kodak mit hohen Investitionen im
upper Funnel gesät hatte.

3.6   Empfehlungen für Unternehmensentscheider/-innen

Mittels der Unterstützung von quantitativen Verfahren muss die Frage „Brand
versus Performance" keine Bauchentscheidung mehr sein. Jedoch gilt es, auch
hier einige Erfolgsfaktoren zu beachten, die bei Weitem nicht nur tech-
nisch-methodischer Natur sind.

---

[12] Ader, J./ Boudet, J./ Brodherson, M./ Robinson, K.: Why every business needs a full-funnel marketing strategy, https://www.mckinsey.com/business-functions/marketing-and-sales/our-insights/why-every-business-needs-a-full-funnel-marketing-strategy (abgerufen am 17.04.2021).

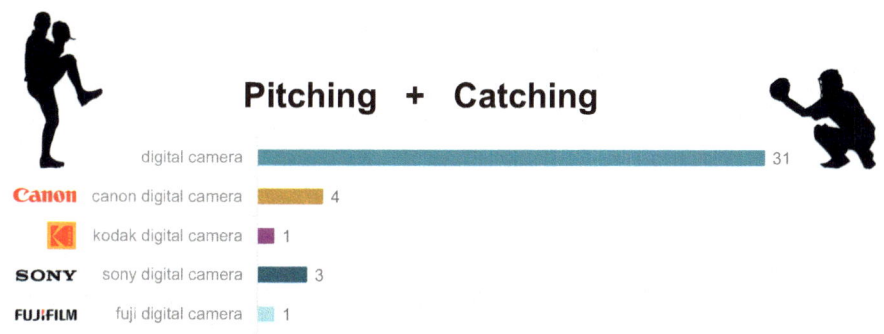

Canon and Fuji were harvesting ROI online because they had better search optimized web sites and better Reviews on Amazon.

Abb. 3.9 Fallstudie Digitalkamera-Hersteller und relative Suchhäufigkeiten (Fou 2020 (Fou, A.: Digital Marketing Is Like Baseball – Mostly The Catching Part, https://www. forbes.com/sites/augustinefou/2020/09/18/digital-marketing-is-like-baseball-most-ly-the-catching-part/?sh=2cca2beb6317 (abgerufen am 13.02.2021).))

Organisatorische Erfolgsfaktoren

 Brand & Performance an einen Tisch:
Markenaufbau und Performance-Marketing sind keine Gegensätze. Sie dienen dem gleichen Ziel: einer mittelfristigen Maximierung des Unternehmensgewinns. Mit den richtigen Steuerungsinstrumenten (Modeling incl. Markeneffekt) lässt sich die richtige Budgetverteilung objektiv finden. Aber die Feinsteuerung innerhalb von Performance (z. B. die Selektion der effektivsten Suchbegriffe usw.) sollte in dezentraler Verantwortung bleiben.

 „Pitching" & „Catching" regelmäßig koordinieren:
Selbst bei einer optimierten Budgetverteilung aus einem perfekt trainierten Modeling können Reibungsverluste entstehen wie bei Kodak beschrieben. Schlecht für Suchmaschinen optimierte Webseiten oder fehlende Reviews auf Amazon sind weniger eine Frage von Marketingbudget als von interner Koordination.

 Ohne Brand Building geht es mittelfristig nicht:
Vor allem Digital First-Unternehmen vertraten oft die Auffassung, dass sie die Sales Activation über Performance-Marketing sehr lange trägt ohne jegliche Investitionen in Markenaufbau. Das ist nachweislich falsch – strategische Überlegungen dazu dürfen nicht auf die lange Bank geschoben werden.

Methodische Erfolgsfaktoren

Weg mit Daumenregeln und Heuristiken:
Wenn möglich sollten sich CMOs nicht zu sehr auf gelernte Regeln wie „Digital = Performance" verlassen. Sicherlich wird Retargeting immer ein Performance-Kanal bleiben, da sich dieser Kanal auf bereits interessierte Käufer konzentriert und diese zum Abschluss bringen will. Aber wie das obige Beispiel zu YouTube zeigt: Es ist besser, solide Modelle berechnen zu lassen, was wirklich auf die Marke einzahlt und was nicht.

Abstrahleffekte beachten:
Bei der Bewertung der Modellergebnisse ist darauf zu achten, dass tendenziell image-bildende Werbekampagnen auch Abstrahleffekte auf Performance-Kanäle haben kann. Das beste Beispiel: Konsumenten sehen einen Werbespot im TV, greifen zum iPad und suchen die beworbene Marke auf Google. War das jetzt der Effekt von TV oder SEA? Solche Abstrahleffekte sind aus dem reinen SEA-Effekt unbedingt herauszurechnen, um Fehlallokationen zu vermeiden.

Exkurs I: Was passiert beim Abschalten aller Werbung, zum Beispiel in einer Rezession?

Antworten auf diese Frage hängen natürlich sehr stark von der Branche ab (z. B. Konsumgüter vs. Investitionsgüter) und der Etabliertheit der Marke (siehe Kap. 2). Dennoch hat der renommierte Marketingwissenschaftler Prof. Koen Pauwels in einem Blogbeitrag[13] die zentralen Erkenntnisse hierzu zusammengefasst. Seine Ausführungen beziehen sich vornehmlich auf B2C-Industrien:

- Kurzfristig ist mit folgenden Absatzrückgängen zu rechnen:
  - um 5–10 % zurück für gut etablierte, bekannte Marken,
  - eher 10–30 % für junge, weniger bekannte Marken,
  - bei ganz neu eingeführten Produkten sogar im Durchschnitt um 45 %.
- Der mittel- bis langfristige Absatzrückgang ist typischerweise doppelt so hoch wie der kurzfristige Effekt.
- Neben der rückläufigen Aufmerksamkeit der Konsumenten ist auch die ausbleibende Signalwirkung der Werbung auf Investoren, Handelspartner, Zulieferer und (zukünftige) Mitarbeiter zu bedenken – Werbung hält eine Marke eben auch im Gespräch.
- Ausbleibende Werbung im upper Funnel (markenbildende Imagewerbung – siehe hierzu Kap. 3) macht die Verkaufsförderung im lower Funnel – also das Überzeugen unentschlossener Konsumenten – schwieriger. Die Konversionsrate sinkt.

---

[13] Pauwels, K.: What happens if you turn off all advertising for a while?, https://www.linkedin.com/feed/update/urn:li:activity:6737445597529341952/ (abgerufen am 14.03.2021).

- Wenn nach einiger Zeit die Werbeintensität wieder hochgefahren wird, so vergeht typischerweise eine Zeitspanne von ein bis vier Wochen bis die Absatzwirkung der Werbung wieder einsetzt (abhängig von der jeweiligen consumer journey der Industrie).

Quintessenz: Vor allem für langjährig etablierte Marken kann das gänzliche Abschalten von Werbung für einen gewissen Zeitraum eine profitmaximierende Strategie sein. Vor allem Konzerne mit einem breiten Markenportfolio nutzen dies, um im Jahres- oder Halbjahreswechsel auf unterschiedlichen Marken alternierend zu werben. Problematisch ist das Abschalten für junge Marken und Innovationen. Letztlich ist immer zu bedenken, dass die mühsame Rückgewinnung von Marktanteilen ein teures Unterfangen ist.

Sollte man nun die Werbebudgets in einer Rezession kürzen?

Auch dafür gibt es keine Daumenregel. Aber die in Kap. 1 vorgestellten Kriterien zur Budget-allokation auf Marken oder Produktgruppen sind sehr hilfreich, um eine Entscheidung zu treffen: (1) Profitabilität, (2) organisches Wachstum und (3) Marketingeffektivität. In einer Rezession kann man für die meisten Produkte davon ausgehen, dass die ersten beiden Indikatoren sinken. Dadurch ergibt sich: Wenn die Marketingeffektivität – also die Wirksamkeit der Werbung auf den Absatz – in einer Krise gleich bleibt, aber die anderen beiden Kriterien sinken, sollte man in jedem Fall die Marketingausgaben reduzieren.

Jedoch gibt es valide Gründe, warum die Werbewirksamkeit in einer Krise *höher* sein kann als vorher:

- Das gleiche Budget erkauft einen höheren Share of Voice, da der Wettbewerb reduziert.
- Das gleiche Budget erkauft mehr Werbeleistung, da die Preise sinken.
- Die beworbene Marke ist besonders attraktiv (z. B. da kostengünstig).

Aus dieser Logik heraus wäre es für manches Konsumgüterunternehmen optimal gewesen, während der Corona-Pandemie die Budgets eben *nicht* zu kürzen, da unter Umständen große Marktanteilsgewinne für kleines Geld möglich gewesen wären.[14]

---

[14] Kumar, N. / Pauwels, K.: Don't Cut your Marketing Budget in a Recession, https://hbr.org/2020/08/dont-cut-your-marketing-budget-in-a-recession (abgerufen am 16.03.2021).

.

4

Kampagnen-Tracking und erfolgreiches Marketingcontrolling

Die Präzision der Optimierungsempfehlungen für das Marketingbudget lässt sich erheblich steigern, wenn statt auf die durchschnittliche historische Wirkung einer Marketingaktivität (z. B. TV-Werbung) auf die Absatzwirkung konkreter einzelner Kampagnen Bezug genommen wird.

4.1 Kampagnenspezifische Analysen statt Durchschnittswerte

Es wurde vielfach nachgewiesen, dass Werbung auf den Absatz wirkt.[1] Aber es zeigt sich auch, dass der Absatz auf einige Kampagnen stärker reagiert als auf andere. Die Gründe hierfür sind vielfältig, und es ist kein leichtes Unterfangen, die Wirkung von Kampagnen richtig einzuschätzen. Wissenschaftliche Studien zeigen,[2] dass die Mediawirkung stark variiert.[3] **Die Absatzwirkung von Kampagnen hängt von vielen unterschiedlichen Faktoren ab**:

---

[1] Sharp, B.: How brands grow, Oxford University Press, 2010.

[2] Tellis, G. J.: Generalizations about Advertising Effectiveness in Markets, In: Journal of Advertising Research, Vol. 49(2), 2009, S. 240–245.

[3] Assmus, G. / Farley, J. U. / Lehmann, D. R.: How Advertising Affects Sales. Meta-Analysis of Econometric Results. In: Journal of Marketing Research, Vol. 21(1), 1984, S. 65–74.

© Der/die Autor(en), exklusiv lizenziert durch Springer Fachmedien Wiesbaden GmbH, ein Teil von Springer Nature 2021
S. Stürze et al., *Agiles Marketing Performance Management*,
https://doi.org/10.1007/978-3-658-34815-1_4

- Execution[4]
- Persuasion[5]
- Media-Mix[6]
- Höhe des Marketingbudgets
- Copy Quality[7]
- Wettbewerberaktivitäten
- Werbeplan[8]
- Targeting
- Produkt-Lebenszyklus[9]
- Daytime/Primetime[10]
- Aufmerksamkeitsstärke[11]
- Marketingstrategie (z. B. Image- oder Absatzkampagne)

Die oben angeführten Werbewirkungsanalysen zeigen, dass Werbe-kampagnen je nach Marketingstrategie (aber auch je nach Kategorie, Marke, Budgethöhe, Mediamix oder Copy Quality) unterschiedliche Wirkungs-effekte aufweisen. Zum Beispiel sollte die Absatzwirkung einer Image-kampagne nicht unbedingt eins zu eins mit einer Launchkampagne verglichen werden. In der Planungswirklichkeit (und in klassischen MMMs) werden derartige Unterschiede aber oft vollständig ausgeblendet, d. h. es werden ent-weder Durchschnitts- oder Maximalwerte angenommen. **Werbekampagnen sollten aber stets auch einzeln und im Kontext ihrer strategischen Inten-**

---

[4] When it Comes to Advertising Effectiveness, What is Key?, https://www.nielsen.com/us/en/insights/article/2017/when-it-comes-to-advertising-effectiveness-what-is-key/ (abgerufen am 13.01.2021).

[5] Sharp, B.: How brands grow, Oxford University Press, 2010, S. 134–152.

[6] BrandScience / IP Deutschland: Aspekte der Werbewirkung von TV. Eine ROI-Meta-Analyse aus mehr als 300 Modeling-Projekten, 2012, https://docplayer.org/37817328-Brandscience-aspekte-der-werbe-wirkung-von-tv-eine-roi-meta-analyse-aus-mehr-als-300-modelling-projekten-frankfurt-m.html (abgerufen 13.01.2021).

[7] Chilian, B. / Fleuchhaus, R. / von Keitz, B.: Werbetests. Haben sie etwas mit dem Markterfolg zu tun? In: Planung&Analyse, Vol. 17(3), 2000, S. 16–21; Einige weitere ausgewählte Artikel zur aktuellen Dis-kussion: https://adage.com/article/cmo-strategy/speed-digital-putting-copy-testing-test/300338 (ab-gerufen am 13.01.2021); https://www.wordstream.com/blog/ws/2019/11/25/copy-testing (abgerufen am 13.01.2021).

[8] „Continuous advertising is more effective than bursts followed by long gaps, because it counteracts memory decay." [Sharp, B.: How brands grow, Oxford University Press, 2010, S. 144.].

[9] Assmus, G. / Farley, J. U. / Lehmann, D. R.: How Advertising Affects Sales. Meta-Analysis of Econo-metric Results. In: Journal of Marketing Research, Vol. 21(1), 1984, S. 65–74.

[10] BrandScience / IP Deutschland: Aspekte der Werbewirkung von TV. Eine ROI-Meta-Analyse aus mehr als 300 Modeling-Projekten, 2012, https://docplayer.org/37817328-Brandscience-aspekte-der-werbe-wirkung-von-tv-eine-roi-meta-analyse-aus-mehr-als-300-modelling-projekten-frankfurt-m.html (abgerufen 13.01.2021).

[11] Von Keitz, B.: Wirksame Fernsehwerbung, 1. Auflage, Physica; 1983.

tion (**Image vs. Absatz**) **hinsichtlich ihrer spezifischen Wirkung untersucht werden**. Methodisch und technisch ist dies durchaus möglich. In Abb. 4.1 (vgl. Abb. 4.1) ist am Beispiel eines Finanzunternehmens dargestellt, wie unterschiedlich einzelne TV-Kampagnen wirken können.

Die Analyse der TV-Kampagnen zeigt, dass die Kampagnenwirkung (hier festgemacht an den Cost per Sale pro Kampagne) sehr stark variiert. Ein vergangenheitsbezogener Durchschnittswert aller acht Kampagnen würde zu einem verzerrten Bild führen, wenn sich die zugrunde liegenden Kampagnen hinsichtlich Strategie und Werbeausgaben stark unterscheiden. Konkret bedeutet dies: Um Kampagnen vergleichbar zu machen, sollten nicht nur Marketingstrategie und Werbedruck betrachtet werden. Es sollte auch darauf geachtet werden, die richtigen Vergleichsebenen zu wählen, d. h. es ist empfehlenswert, TV mit TV zu vergleichen und innerhalb des TV-Bereichs Launch- mit Launchkampagnen, Image- mit Imagekampagnen etc.

So kann durch eine kampagnenspezifische Analyse herausgefunden werden, **welche Kampagne besonders effizient war und daher im zukünftigen Marketingplan ein stärkeres Gewicht erhalten sollte**. Als weiterer wichtiger Vorteil der kampagnenspezifischen Betrachtung lassen sich für die Planung neuer Kampagnen datenbasiert die Absatzwirkungen alternativer Kampagnen simulieren. Insbesondere in Kombination mit Copy-Tests können so die zu erwartenden Effekte sehr genau abgeschätzt werden, wie Abschn. 4.3 zeigt.

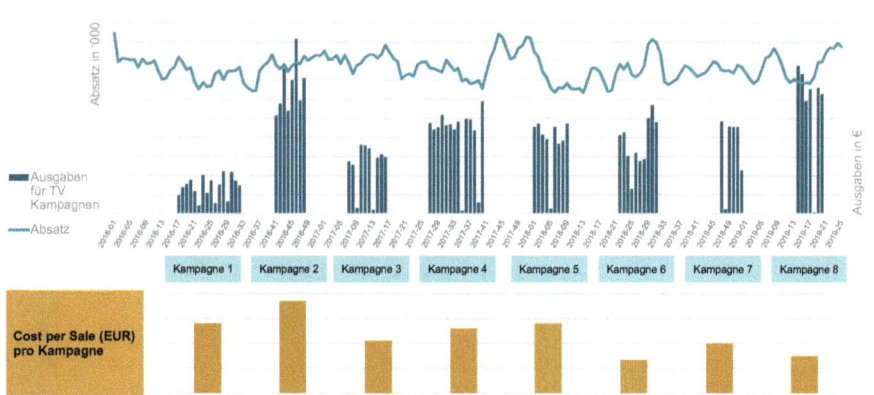

Abb. 4.1 Cost per Sale (Definition Cost per Sale: Gesamtausgaben pro Kampagne durch die Zahl der zusätzlich abgeschlossenen und der Kampagne zurechenbaren Verträge.) verschiedener Werbekampagnen (eigene Darstellung)

4.2   Marketingcontrolling im Kontext dynamischer Kanalentwicklung

Eine weitere Herausforderung für Marketer ist die stete **Veränderung des Mediennutzungsverhaltens von Konsumentengruppen** und die damit verbundene Vervielfachung an Mediakanälen, insbesondere im digitalen Bereich. Marketingcontroller/-innen wollen hierbei sicherstellen,

- dass diese neuen Kanäle frühzeitig in die Mixoptimierung auf Basis erster Werbeelastizitäten eingehen,
- dass ihre Werbeeffekte bei steigendem Ausgabenanteil dynamisch und regelmäßig erfasst werden, um ein „Übersteuern" (d. h. ineffiziente inkrementelle Ausgaben) zu verhindern,
- dass im Falle von (vorübergehenden) suboptimalen Ergebnissen insbesondere „junge" Kanäle nur dann eine zweite Chance bekommen, wenn deren (bisherige) Schwächen und Limitationen bekannt sind (z. B. suboptimale Copy für den neuen Kanal, verbesserte Aussteuerung erwartet durch neuen Medienpartner etc.).

Eine **dynamische Betrachtung der zugrunde liegenden Sensitivitätskurven** ist hierbei kritisch für den Erfolg. Das folgende Beispiel zeigt für ausgewählte Kanäle die Entwicklung dieser Effekte auf unterschiedlichen Ausgaben-Niveaus innerhalb von zwölf Monaten (vgl. Abb. 4.2):

Grundsätzlich stellt auch eine hohe Zahl an Mediakanälen und Subkanälen (z. B. Werbeformate innerhalb eines Kanals wie YouTube Bumper vs. Trueview) methodisch kein Problem für das finale statistische Modell dar. Jeder

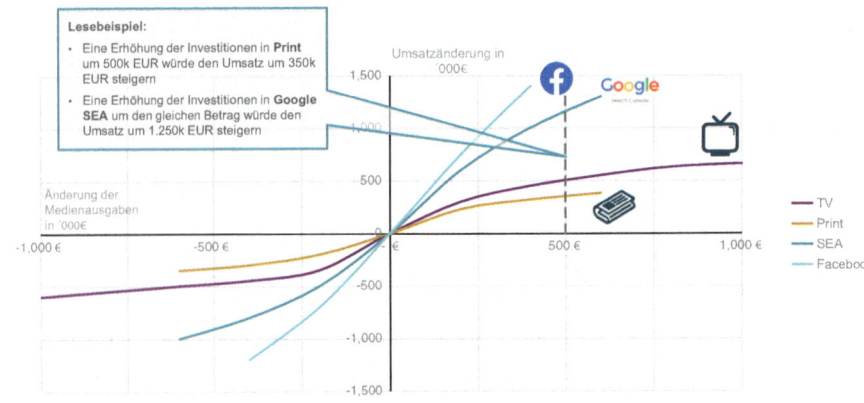

Abb. 4.2 Sensitivität ausgewählter Mediakanäle (eigene Darstellung)

statistisch bestätigte Kanal wird mit seinem spezifischen Gewicht in das Modell eingebunden. Weitere Kanäle wie z. B. TikTok, Instagram, etc. können nach nur wenigen Kampagnen einem Modell hinzugefügt werden, solange eine ausreichend hohe Zahl an Datenpunkten, Varianz und Ausgabenniveau vorliegt.

4.3 Die Rolle von Pre-Tests und Kampagnentrackings

Viele Unternehmen gehen mit einem Werbespot nur dann „on air", wenn dieser in einem Pre-Test die erforderlichen Schwellenwerte erreicht. Die Operationalisierung erfolgt meist über ausgewählte Parameter wie Uniqueness, Likeability, Value Perception, Purchase Intention oder Recall.

Allerdings zeigt die Praxis, dass **nicht jedes Werbemittel mit ausreichenden Pre-Test-Werten auch tatsächlich für zusätzlichen Abverkauf sorgt.** Auch erreichen Spots mit ähnlichen Pre-Test-Ergebnissen oft unterschiedliche Absatzeffekte. Die Gründe sind vielfältig und können sowohl in der Testmethodik begründet sein als auch im gesamten Kontext der tatsächlichen Kampagne (z. B. Budgethöhe, Interaktion mit anderen Werbemitteln oder Wettbewerberaktivitäten).

Die Berücksichtigung der Copy Quality im Kampagnentracking hilft sowohl dem strategischen Marketing, welches für die Markenführung und Werbeentwicklung verantwortlich ist, als auch dem Marketingcontrolling in der Bewertung der Marketinginvestitionen (Return on Investment).

Wissenschaftliche Studien[12] ebenso wie auf Werbeforschung spezialisierte Institute[13] verweisen seit Jahrzehnten auf die Notwendigkeit der Kontrolle der Werbewirkung[14] bzw. darauf, dass es einen **Zusammenhang zwischen Copy Quality und Absatz** gibt. Daher ist es aus methodischer Sicht durchaus sinnvoll, in einem Werbewirkungsmodell ausgewählte Werbedimensionen der

---

[12] Chilian, B. / Fleuchhaus, R. / von Keitz, B.: Werbetests. Haben sie etwas mit dem Markterfolg zu tun? In: Planung&Analyse, Vol. 17(3), 2000, S. 16–21.; sowie: „The major finding was that the quality of advertising was much more important than the quantity: variation in the quality of advertising copy was an order of magnitude more important than the effect of advertising expenditure." [Leach, D. F. / Reekie, W. D.: A natural experiment of the effect of advertising on sales. The SASOL case, In: Applied Economics, Vol. 28(9), 1996, S. 1081–1091.

[13] Von Keitz, B.: Der Erfolg der apparativen Marktforschung. Basis und Status. In: Transfer Werbeforschung & Praxis: Zeitschrift für Werbung, Kommunikation und Markenführung, Vol. 58(2), 2012, S. 32–40; sowie: Fuchs, W. / Unger, F.: Management der Marketing Kommunikation, 5. Auflage, Springer, 2014.

[14] Esch, F.-R.: Werbewirkungsforschung. In: Herrmann, A. /Homburg, C. (Hrsg.): Handbuch Marktforschung, 1. Auflage, Gabler, 1999, S. 861–910.

Copy Quality einzeln oder verdichtet, z. B. als Awareness- oder Effectiveness-Index, modelltechnisch zu berücksichtigen, z. B. immer dann, wenn diese Daten systematisch erhoben wurden und über einen längeren Zeitraum vorliegen.

Standardisierte Werbetests oder -trackings messen auf der Basis strategischer Werbedimensionen (z. B. Recall,[15] Persuasion[16] oder Likeability[17]) die zu erwartende Wirkung von Werbung. Die Werbedimensionen werden im Wettbewerbsumfeld systematischen Vergleichen (Benchmarking) unterworfen. Das Benchmarking erlaubt dadurch Rückschlüsse auf die definierten strategischen Ziele einer Werbekampagne (z. B. die Steigerung des Absatzes oder den Ausbau des Images einer Marke). Was alle diese Werbetests und -trackings nicht leisten können, ist eine um sonstige externe Effekte bereinigte Quantifizierung des *reinen* Absatzeffektes einer Werbekampagne, d. h. sie können methodisch lediglich die Auswirkung von Werbung auf die strategischen Dimensionen der Werbequalität messen, nicht aber eine Aussage treffen zur Absatzwirkung in Menge oder Wert. Dies kann nur ein ökonometrisches Verfahren leisten, das damit die Grundlage für eine systematische Erfassung und ROI-Bewertung schafft (siehe hierzu Kap. 5).

In der Praxis liegen die o. g. Pre-Test-Daten oftmals nicht in einer Form vor, in der man sie im Rahmen des Kampagnencontrollings einfach nutzen kann, da z. B.

- Unternehmen diese Tests nicht mit einer konsistenten Methodik für die relevanten Kampagnen des Betrachtungszeitraum durchgeführt haben,
- oftmals kaum Varianz in den Daten vorliegt, da die verwendete Bewertungsskala zu grob ist (z. B. ordinal-skalierte Merkmale wie z. B. „red" – „amber" – „green") oder nur Spots im Top-Quartil „on air" gegangen sind,
- die „Execution" der Spots nach dem Test weiterentwickelt wurde, ohne diese erneut zu testen,
- die zugrunde liegenden Werbekampagnen nicht konsequent zeitlich mit einem Anfangs- und Endzeitpunkt verortet sind, um eine genaue Ermittlung der kampagnenspezifischen Werbeeffekte zu gewährleisten.

---

[15] Der englische Begriff des ‚Recalls' verweist auf das Maß, wie sich ein potenzieller Verbraucher an eine Marke oder Werbebotschaft erinnert, siehe: Esch, F.-R.: Werbewirkungsforschung. In: Herrmann, A. / Homburg, C. (Hrsg.): Handbuch Marktforschung, 1. Auflage, Gabler, 1999, S. 861–910.

[16] Der englische Begriff ‚Persuasion' verweist hier auf die Überzeugungskraft oder – stärke einer Werbebotschaft ein Produkt, einen Service oder eine Meinung potenziellen Verbrauchern näher zu bringen.

[17] „… Likeability in brands results in: (1) greater amount of positive association; (2) increased interaction interest; (3) more personified quality; and (4) increased brand contentment", unter: https://core.ac.uk/download/pdf/153389217.pdf (abgerufen am 13.01.2021).

Werden diese Punkte aber berücksichtigt und liegt eine ausreichende Varianz und Anzahl von Datenpunkten vor, kann die Werbequalität in dem relevanten Marketing-Mix-Modell berücksichtigt werden. Dazu kommen grundsätzlich zwei Ansätze in Frage:

1. **Direkte (bivariate) Analyse des Zusammenhangs zwischen Pre-Test-Ergebnissen und Absatzwirkung einer Kampagne**. Dabei können entweder Gesamtscores der Pre-Tests analysiert werden oder Detailergebnisse. Beispielsweise könnte sich ergeben, dass Copies mit einem Persuasion-Score von über 110 signifikant höhere Absatzwirkungen erzielen.
2. **Integration von Quality-Copy-Indikatoren als zusätzliche Einflussvariable(n) im multivariaten Regressionsmodell** neben der Verwendung aller anderen gleichzeitig wirkenden und relevanten Faktoren wie Wettbewerbsintensität, Wetter, Promotions etc.

Liegen z. B. deutlich höhere Pre-Test-Werte für eine zukünftige Kampagne vor, kann dieses durch höhere Parameter der Quality-Copy-Indikatoren in entsprechenden Simulationen berücksichtigt werden, um den daraus zu erwartenden Absatzerfolg zu prognostizieren.

In Abb. 4.3 (vgl. Abb. 4.3) werden die Copy-Testergebnisse für ausgewählte TV-Kampagnen eines großen Werbetreibenden exemplarisch mit den berechneten Absatzeffekten eines ökonometrischen Modells verglichen (auf

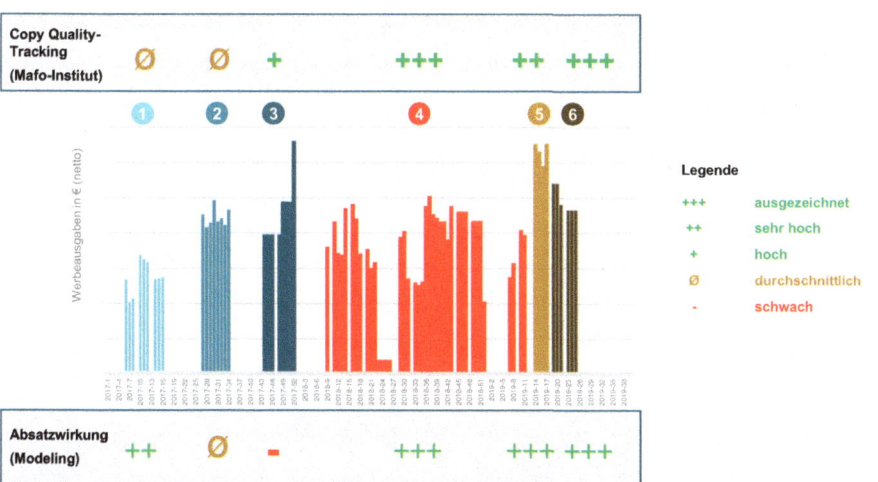

Abb. 4.3 Vergleich von Copy Quality laut Marktforschung vs. Modeling (eigene Darstellung)

Basis der Zielgröße Absatz). **Es bestätigt sich die erwartete Korrelation von Pre-Test-Ergebnissen und Absatzwirkung.**

Sie greift aber auch einen zuvor erwähnten Punkt auf: Die zugrunde liegende Zielsetzung ist bei der Bewertung von Kampagnen immer zu berücksichtigen. In diesem Beispiel war Kampagne 3 nicht auf Absatz fokussiert, sondern auf die Stärkung der allgemeinen Markenwahrnehmung. Das Fehlen eines Absatzeffektes kann von daher erklärt werden. Inwieweit die resultierenden Effekte aber erwartungsgemäß sind und welche Erkenntnisse für die zukünftig Kampagnenplanung hieraus abgeleitet werden, sind Teil des nun beginnenden, umfassenden Kampagnencontrollings.

4.4 Empfehlungen für Unternehmensentscheider/-innen

Die Entscheidung über die Marketinginvestitionen eines Unternehmens muss auf der Grundlage empirisch gemessener Wirkungseffekte erfolgen. Die Wirkungseffekte sollten die Kampagnenstrategie berücksichtigen und zu einem objektiven Return on Marketing Investment pro Medium führen. Da die Wirkungsbeiträge nur über eine ökonometrische Modellierung der Absatzdaten berechnet werden können, muss entweder intern Data Science-Know-how aufgebaut werden, oder ein versierter Dienstleister kann sowohl mit dem ökonometrischen Modeling als auch dem Benchmarking helfen. Zudem ist es sinnvoll, eine leistungsfähige Lösung mit Front-End in Betracht zu ziehen, die die Wirkungseffekte von Kampagnen einander gegenüberstellt – und zwar auf der notwenigen planerischen Ebene der Mediakanäle (TV, Print, YouTube, Facebook, Google etc.). Auch sollte ein solches Tool Budgetsimulationen („What-If-Scenarios") und Optimierung unter flexibel definierbaren Rahmenbedingungen ermöglichen.

Organisatorische Erfolgsfaktoren

Marketingcontrolling fest verankern:
Der Auf- bzw. Ausbau eines Marketingcontrolling-Teams zur Analyse und Simulation von Werbekampagnen ist ein wichtiger Schritt, die Marketinginvestitionen dauerhaft und systematisch zu untersuchen und dadurch zu einer nachhaltigen Steigerung des ROI beizutragen. Dadurch wird außerdem sichergestellt, dass die relevanten Erkenntnisse aus den Kampagnen beim Unternehmen selbst vorliegen (und nicht nur bei einem Partner wie der Werbeagentur).

Kampagnenziele definieren und Tracking institutionalisieren:
Die Zielrichtung der Kampagnen sollten bereits im Vorfeld definiert werden (z. B. Image- versus Salesfokus). Stetige Analyse der Aktivitäten im Rahmen der kurz- und mittelfristigen Absatzwirkung und ROI-Werte nicht nur pro Kanal, sondern pro Kampagne ermöglicht eine zunehmende Verbesserung der strategischen Marketingarbeit.

Data Science einsetzen:
Zur cross-medialen Kampagnenbewertung sollten die Möglichkeiten der Ökonometrie, ein intelligentes Reporting und ein leistungsfähiges Simulationstool zum Einsatz kommen. Diese Tools können inhouse entwickelt oder durch Dritte bereitgestellt werden.

Methodische Erfolgsfaktoren

Ökonometrische Modelle anwenden:

Ein notwendiger Baustein zur Ermittlung der kampagnenspezifischen Werbeeffekte ist die Nutzung von state-of-the-art-Modellen, entweder mithilfe interner Experten oder durch einen externen Dienstleister. Nur so kann belastbar quantifiziert werden, welche Kampagne wie erfolgreich war und dementsprend in der Zukunft verstärkt eingesetzt oder eben ausgetauscht werden sollte. Alle Werbemittel sollten dafür mit einem Anfangnd Endzeitpunkt kodiert vorliegen, um spezifische Werbeeffekte und nicht nur zeitraumbezogene Durchschnittswerte ermitteln zu können.

Analysetools einsetzen:

Wichtig ist der Einsatz einer leistungsfähigen Lösung zur Unterstützung der regelmäßigen Arbeit. Dazu gehört auch die Befüllung einer Benchmarking-Datenbank zur dauerhaften Werbeanalyse sowie die Planung und Simulation des optimalen Marketingplans. Dies emöglicht eine erhöhte Transparenz über historische Planungsannahmen und ex post eine einfache Analyse sowie die Ableitung von Implikationen für die kommende Planungsperiode.

Pre-Test- und Trackingdaten ergänzend verwenden:

Strukturiertes Pre-Testing der Kampagnen entlang einer differenzierten Scoringskala bietet die Möglichkeit, Kampagnen bereits vor dem Einsatz hinsichtlich ihrer zu erwartenden Wirkung zu benchmarken. Durch eine ökonometrische Validierung der Scores kann die Aussagekraft der Pre-Tests ggf. weiter verbessert werden.

Daneben sind hochfrequente Werbetracker mit den relevanten Markenfunnel-Variablen nützlich, um die entsprechenden Effekte von Kampagnen auf diese KPIs und eine darauf aufbauenden Brand Equity-Variable zu benennen.

5

Modellbildung, Modellarchitektur und Modellgüte

„Garbage in – garbage out" gilt natürlich auch für analytische Marketing-optimierung. Daher sollte höchstes Augenmerk auf die Auswahl der richtigen Daten (siehe Kap. 9) sowie auf eine aussagekräftige Validierung der statistischen Modelle gelegt werden. Marketingentscheider/-innen müssen ihren Dienstleistern hierfür die richtigen Fragen stellen.

5.1 Die richtige Modellarchitektur als entscheidende Grundlage

Ziel von Modellen ist es, die **Wirkungszusammenhänge zwischen Prädiktoren (Einflussfaktoren oder Treiber) und ökonomischen Zielgrößen (abhängige Variable, z. B. Marktanteil, Zahl der Verkaufseinheiten, Verträge oder auch einfach nur Marketing Leads) mit Hilfe ökonometrischer Verfahren zu isolieren und zu messen.**

Hierfür spielt zunächst die Auswahl der geeigneten Zielgröße eine wichtige Rolle: Die Zielvariable sollte sowohl ausreichend nah am Marketingimpuls sein, als auch ausreichend konkreten Bezug zum kommerziellen Erfolg haben (also z. B. Sales statt Markenbekanntheit).

Die Entscheidung über die „richtige" Zielvariable ist im FMCG-Bereich einfacher als in anderen Branchen, da in den meisten europäischen Ländern repräsentative und verlässliche Paneldaten vorliegen. In anderen Industrien,

© Der/die Autor(en), exklusiv lizenziert durch Springer Fachmedien Wiesbaden GmbH, ein Teil von Springer Nature 2021
S. Stürze et al., *Agiles Marketing Performance Management*,
https://doi.org/10.1007/978-3-658-34815-1_5

wie z. B. Automotive,[1] Financial Services oder Telekommunikation ist dies schwieriger zu realisieren. In der Versicherungsbranche sind beispielsweise Leads (also Versicherungsanträge) oftmals eine bessere Zielgröße, weil aufgrund rechtlicher Vorgaben und organisatorischer Richtlinien die Kontakt- bzw. Vertragsstrecke starken Einfluss auf den weiteren Verlauf bis zur Vertragsabschluss (bzw. Policierung) nimmt und den ursprünglichen Marketingeffekt verzerrt.

Aber wozu braucht man überhaupt ein statistisches Modell? Kurz gesagt: Weil in der Realität alles gleichzeitig passiert und alles gleichzeitig auf die Zielgröße wirkt. Die Prädiktoren bilden ein Beziehungsgeflecht, in welchem die einzelnen Kräfte permanent und dynamisch aufeinander einwirken. Jede Veränderung kann zu einer Veränderung im Beziehungsgeflecht führen (Stärkung oder Schwächung von Kräften, Überlagerungs- oder Kompensationseffekte etc.), sowohl bei kurzfristig (wie z. B. auf Preis, Promotions oder Wettbewerberverhalten) als auch bei langfristig (wie z. B. auf Markenstärke) wirkenden Einflussfaktoren.

Abb. 5.1 (vgl. Abb. 5.1) illustriert dieses Problem: Ist der Peak beim Absatz im markierten Bereich nun zurückzuführen auf die höheren Mediainvestitionen, die stärkere Promotionaktivität, den etwas geringeren Preis

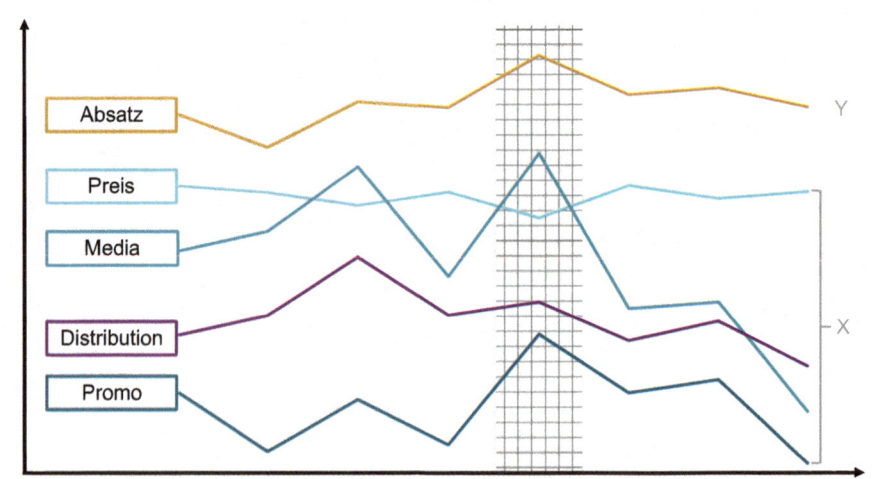

Abb. 5.1 Einfluss unterschiedlicher Wirkungsfaktoren auf den Absatz (eigene Darstellung)

---

[1] Beispiel: Die Entscheidung zur Nutzung der Zugriffe auf den Autokonfigurator bei Automotive ist z. B. ein guter Kompromiss, da unbestimmbare externe Faktoren wie Händlereinfluss, Abschlussverhalten und weitere verzerrende Faktoren den eigentlichen Marketingeinfluss „neutralisieren".

oder auf eine Kombination dieser Faktoren? Dies kann nur ein ökonometrisches Modell mit hoher Prognosegüte klären.

Das Schaubild ist dabei eine starke Vereinfachung der Situation. In Wirklichkeit müsste dieses Beziehungsgeflecht um eine Vielzahl weiterer Faktoren (z. B. die Trennung von Media in relevante Kanäle) erweitert werden. In einem guten Wirkungsmodell sollte auch die Spezifik einzelner Marketingkampagnen Berücksichtigung finden, da jeder Kampagnenblock und jede Marketingmaßnahme in Abhängigkeit von u. a. Copy Quality, Reach, Wettbewerberverhalten, Ausgabenhöhe und Zeitpunkt unterschiedlich wirksam sein kann.

Dabei ist der Mediabeitrag nur ein Baustein im gesamten Beziehungsgefüge. Im Detail sind die Wirkungsbeiträge von Preis, Promotions oder Distributionseffekten nicht weniger komplex – insbesondere dann, wenn auch noch die Aktivitäten der Wettbewerber mit einbezogen werden (z. B. Promotiondistribution gesamt, Preisreduktion, Display oder Handzettel).

Welche Einflussfaktoren sollten nun aber in ein ökonometrisches Modell einbezogen werden? Angesichts der Vielzahl an Möglichkeiten sollten die Marketer eines Unternehmens in enger Zusammenarbeit mit Modelingexperten eines Dienstleisters oder aus dem eigenen Haus in einem Workshop die relevanten Einflussfaktoren (z. B. Kampagnenausstattung, Mediamix, POS-Promotions) sowie vorherrschende **Hypothesen zur Absatzwirkung diskutieren und zunächst rein qualitativ einen Treiberbaum erarbeiten** (ein Beispiel ist in Abb. 5.2 dargestellt). Erfahrungsgemäß funktioniert dieses Vorgehen branchenübergreifend und ist eine sehr gute Möglichkeit,

* gemeinsam das Projekt zu „framen" und die Treiber des Absatzes transparent zu machen
* und durch die Beteiligung relevanter Experten zu vermeiden, dass am Ende eine „Black Box" entsteht, an die keiner glaubt.

Für den Statistiker bietet diese Herangehensweise zudem die Chance, hypothesengeleitet Wirkungszusammenhänge zu untersuchen. Das im Workshop herausgearbeitete Beziehungsgeflecht liefert zudem die Möglichkeit, die notwendigen Datenanforderungen zu formulieren und auf Kerndaten zu fokussieren.

Statistische Verfahren kommen zum Einsatz, um den Einfluss der Wirkungsfaktoren auf die Zielgröße (Y) auf Basis historischer Daten 100 %ig quantitativ abzuleiten. In Abb. 5.3 wird der Einfluss der Prädiktoren (X = Einflussfaktoren) auf den Absatz (Y = Target = Volumen/Sales) illustrativ dar-

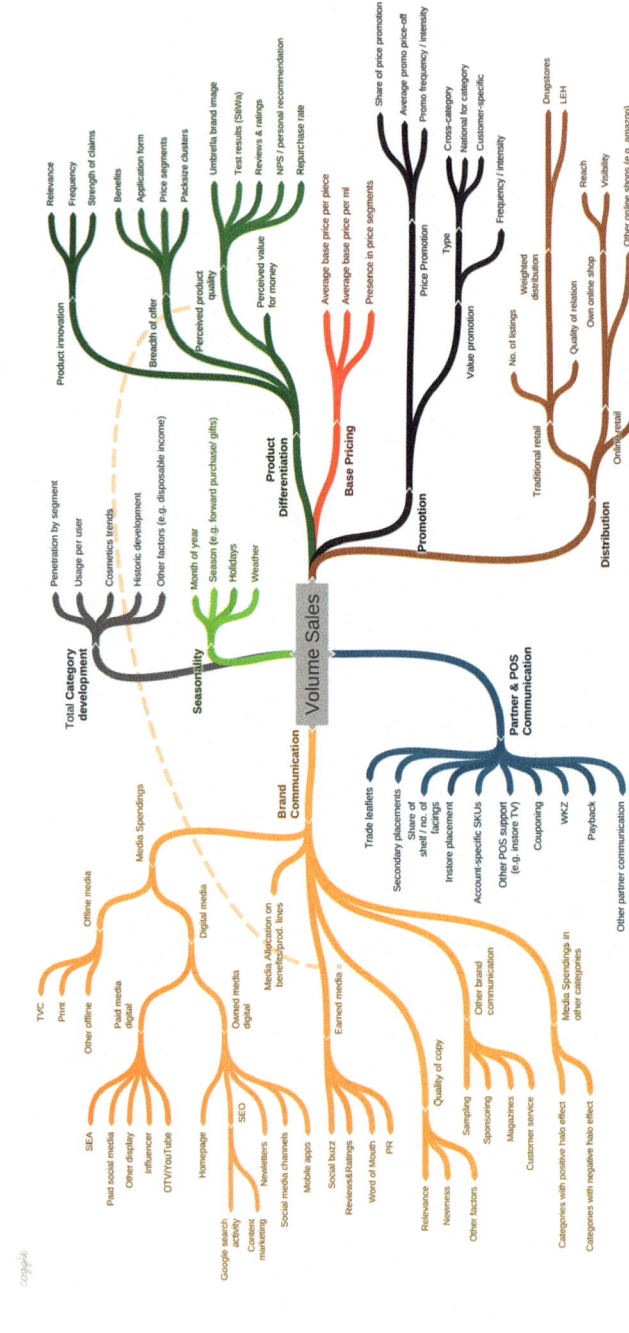

Abb. 5.2 Qualitativer Treiberbaum als Ergebnis eines Hypothesenworkshops (eigene Darstellung)

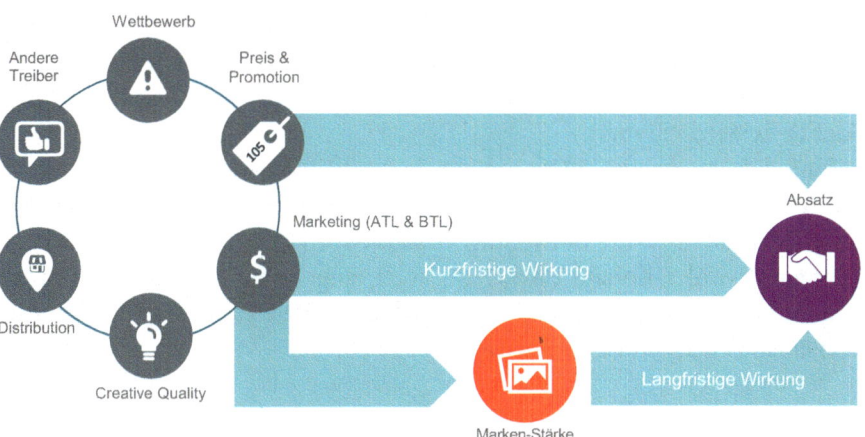

Abb. 5.3 Konzeptionelles Grundmodell zur Bestimmung der Absatzwirkung (eigene Darstellung)

gestellt (inklusive der Abbildung des langfristigen Markeneffekts, siehe Kap. 2).

In komplexeren Vertriebs- oder Marktstrukturen bieten sich **mehrere Modelle pro Land an, um die Businessrealität besser abzubilden**. Nehmen wir als Beispiel ein Versicherungsunternehmen mit einem wachsenden Online-Direktgeschäft. Hier ist es sinnvoll, die Wirkung der Marketingaktivitäten auf die Zahl der Abschlüsse zu trennen, je nachdem ob diese über den Onlinekanal oder über klassische Kanäle wie Makler generiert wurden. Durch die Trennung kann grundsätzlich eine genauere Einschätzung der Wirkungsfaktoren erfolgen. Dies kann auch empfehlenswert sein für Anbieter mit starken regionalen Absatzschwerpunkten (z. B. starke regionale Biermarken vs. nationale Marken). Durch diesen Ansatz kann z. B. getestet werden, inwiefern die Wirksamkeit von Marketingmaßnahmen sich in Gebieten mit hohen bzw. niedrigen Marktanteilen unterscheiden.

Auch wenn sich durch die Einführung der Submodelle die Gesamtzahl der betrachteten Modelle deutlich erhöht, kann der o. g. Erkenntnisgewinn erheblich sein. Und da die zugrunde liegende Daten oft die gleichen sind, ist der Zusatzaufwand entsprechend inkrementell. Wichtig ist, die Daten bereits mit den relevanten Unterteilungen (regional, kanalspezifisch etc.) konsistent zu sammeln und zu speichern.

Entscheidend für eine hohe Qualität der Modelle sind auch die Granularität der Daten und die Länge der verfügbaren Historie. Unter Granularität wird die zeitliche Auflösung verstanden. Für ein belastbares Modell sollten möglichst alle Daten mindestens wochengenau vorliegen. Erfahrungsgemäß ist dies der beste Kompromiss aus Detailliertheit und realistischer Verfügbarkeit. Daten aus dem Onlinemarketing und Abverkaufsdaten liegen zwar häufig auch tagesgenau vor, viele andere Faktoren (z. B. Wettbewerberausgaben oder Preise) jedoch nicht.

Um die Muster der Wirkungszusammenhänge aus den Vergangenheitsdaten klar erkennen zu können, sind in der Regel mindestens zwei Jahre vollständiger Datenhistorie notwendig, besser jedoch drei oder vier Jahre. Nur so können sowohl saisonale Effekte als auch langfristige Marketingwirkungen über Markeneffekte exakt quantifiziert werden (siehe zu Datenanforderungen und entsprechenden best practices auch Kap. 9).

5.2   Modellgüte ist mehr als R²

Idealerweise sollte die gewählte Modellarchitektur zu einem **hohen Erklärungsbeitrag** führen, einhergehend mit einer möglichst geringen Baseline. Bei der Baseline eines statistischen Modells handelt es sich um denjenigen Teil des Absatzes, der durch die ausgewählten Prädiktoren nicht erklärt werden kann. Das Ziel der statistischen Analyse ist daher, die Baseline mit dem richtigen Set an Prädiktoren zu minimieren. An einer geringen Baseline erkennt man meist ein gutes Modell zur Entscheidungsunterstützung. Die „Schwäche" klassischer Marketing-Mix-Modelle bildete in der Vergangenheit häufig ihre hohen Baseline[2] und der Umstand, dass nur ein beschränkter Teil der Varianz durch die ausgewählten Wirkungsfaktoren erklärt wird.

Die **Einbeziehung von detaillierteren Daten** (Ausgaben für alle relevanten Mediakanäle statt Mediagesamtausgaben), Nicht-Media-Variablen (z. B. Coupons, Events, Zahl der Zweigstellen etc.), aber auch der langfristigen Wirkung von Investitionen in die Marke helfen hier, den Baselineanteil deutlich zu reduzieren und die Prognosefähigkeit zu verbessern. Letzteres ist aus geschäftlicher Sicht besonders wichtig, da ein statistisches Modell nicht nur zur Erklärung der Vergangenheit beitragen, sondern vor allem Entscheidungshilfen für die Zukunft liefern soll, und zwar auf der Basis robuster Vorhersagen. Daher ist die Vorhersagegüte eines Modells ebenso wichtig wie der Erklärungsbeitrag. Die **Vorhersagegüte wird vor allem mit Hilfe des Mean Absolute Percentage Error (MAPE) gemessen**. Es handelt sich hierbei um

---

[2] Die Baseline (z. B. der Baselineabsatz eines Unternehmens) beschreibt in der Statistik den nicht erklärten Anteil am Gesamteffekt. Festgemacht am Beispiel des gesamten Absatzes eines Unternehmens handelt es sich um denjenigen Teil, der durch die Wirkungsfaktoren wie Media oder POS nicht erklärt werden kann. Andere Faktoren, die nicht in das Modell eingebunden werden bzw. über die es keine Daten gibt, erklären diesen Teil.

die „härteste" Währung im Bereich des Modeling, nämlich die Prognosegüte – also: Wie gut ist das Modell in der Lage, den eigenen Absatz zu prognostizieren, wenn es nur die Einflussfaktoren zur Verfügung hat?

In Abb. 5.4 (vgl. Abb. 5.4) ist ein Modelingbeispiel gezeigt, welches mit 97 % einen sehr hohen Erklärungsbeitrag aufweist. Der Vorhersagefehler ist mit 3,7 % für Wochenwerte sehr niedrig, d. h. wenn das Modell für eine beliebige Woche 100 Vertragsabschlüsse oder Verkaufseinheiten vorhersagt, dann liegt der wahre Wert mit sehr hoher Wahrscheinlichkeit im Bereich zwischen 96,3 und 103,7 Abschlüssen.

Natürlich hängt eine hohe Modellgüte mit entsprechend hohem MAPE auch von der Datenverfügbarkeit und -qualität sowie der Produktkategorie ab. Deshalb sei an dieser Stelle nochmals auf die Bedeutung des oben beschriebenen Treiberworkshops verwiesen. Hier werden die relevanten Daten fokussiert erfasst und hinsichtlich ihrer möglichen Wirkungseinflüsse besprochen. Datenquellen, die erst später erschlossen werden bzw. verfügbar sind, können im weiteren Verlauf des Prozesses in einem Modellupdate hinzugefügt werden und somit zu einer kontinuierlichen Verbesserung der Modellgütekriterien über die Zeit beitragen.

5.3   Die richtige Aktualisierungsfrequenz

Aus planerischen Gründen ist es wichtig, auf möglichst aktuelle Daten zurückzugreifen. Was für Daten gilt, muss aber nicht zwangsläufig auch für die statistischen Modelle gelten. Im Regelfall sind diese Modelle – insbesondere die Werbeelastizitäten etablierter Mediakanäle (z. B. TV, Print, Plakatwerbung) – über längere Zeiträume hinweg relativ stabil und für strategische Allokationsanalysen geeignet.

Abb. 5.4 Qualitätsindikatoren für ökonometrische Modelle (eigene Darstellung)

Daher ist es wichtig aus Nutzerperspektive drei Konzepte zu unterscheiden:

- **Datenupdate (= Refresh):** Es werden lediglich aktuelle Inputdaten in die Datenbank und die Reportingplattform geladen. Weder die Modellstruktur noch die Modellkoeffizienten (d. h. die Einflussstärke der Faktoren) ändern sich hierbei, aber die Absatzprognosen werden dadurch akkurat gehalten. Typisch ist hier eine monatliche Frequenz.
- **Rekalibrierung:** Neue Inputdaten (z. B. Abverkaufszahlen und Nettoausgaben des letzten Monats) werden in das Modell geladen und die Modelle mit den neuen Daten aktualisiert. Die Modellstruktur bleibt zwar gleich, aber die Koeffizienten können sich verändern (z. B. etwas höhere Einflussstärke von Onlinevideo über Zeit). Daraus ergeben sich auch veränderte Empfehlungen für den optimalen Marketingmix. Die Rekalibrierung kann weitgehend automatisiert werden und sollte entweder monatlich oder vierteljährlich erfolgen.
- **Remodeling:** In größeren Abständen (z. B. alle zwölf Monate) sollte auch die Modellstruktur überprüft und ggf. an neue Anforderungen angepasst werden. Ein typisches Beispiel ist die Aufnahme eines neuen Mediakanals, der vorher nicht eingesetzt wurde oder für den bisher keine historischen Daten vorlagen. Oder es wird eine Aufteilung in Teilmodelle vorgenommen, weil der Onlineabsatz eine kritische Größe erreicht hat und separat modelliert werden soll.

In jedem Fall sind Modelle mit hoher Modell- und Vorhersagegüte zu empfehlen, um das volle Potential dieser statistischen Ansätze auszuschöpfen. Nur dann wird die Qualität der Marketingmaßnahmen sauber und akkurat abgebildet. Über die Häufigkeit der Aktualisierung entscheiden Marketer und Modeler gemeinsam, z. B. um ein Übersteuern von alten wie neuen Kanälen zu vermeiden. Der Einbezug neuer Kanäle sollte zeitnah erfolgen, um die digitale Transformation durch ein leistungsfähiges Tool zu unterstützen und aus Sicht des Unternehmens das „Big Picture" zu gewährleisten.

5.4   Empfehlungen für Unternehmensentscheider/-innen

Das Modeling setzt neben der geeigneten statistischen Methode und entsprechenden Daten (siehe Kap. 9) unter anderem auch Folgendes voraus: Wissen darüber, welche Einflussfaktoren auf den Absatz einwirken, und Hypothesen über die Wirkungszusammenhänge. Folgende Schritte werden konkret empfohlen:

Organisatorische Erfolgsfaktoren

Treiberworkshop im Rahmen eines Modelingprojekts:
Dieser sollte jedem Modelingprojekt vorgeschaltet sein, um die Datensituation systematisch zusammenzutragen. Unmittelbares Ergebnis dieses Workshops ist die Herausarbeitung der wesentlichen Einflussfaktoren der Zielgröße („Was nimmt Einfluss auf den Absatz?") in Form eines Treiberbaums.

Organisation der Datengrundlagen:
Daten über die Zielgröße und alle relevanten Einflussfaktoren sollten mindestens in wöchentlicher Auflösung vorliegen. Sowohl interne Systeme als auch externe Datenlieferanten sollten entsprechend angepasst werden. Wichtig sind außerdem klare Verantwortlichkeiten: Wer ist für welche Datenquellen zuständig, wie häufig werden die Daten aktualisiert, wo und in welcher Form werden sie abgelegt? Ideal ist eine zentrale Datenbank, um eine effiziente Verknüpfung mit den ökonometrischen Modellen zu ermöglichen.

Methodische Erfolgsfaktoren

 Auswahl der richtigen Zielgröße:
Die Zielvariable sollte sowohl möglichst nahe am Marketingimpuls sein (d. h. es sollte ein klarer zeitlicher und inhaltlicher Zusammenhang zwischen Marketingaktivitäten und Zielgröße bestehen), als auch eine direkte Anbindung an den wirtschaftlichen Erfolg des Unternehmens haben (z. B. Leads statt Markenbekanntheit).

 Einbeziehung aller relevanten Einflussfaktoren:
Idealerweise sollte das gesamte Beziehungsgeflecht (siehe Treiberworkshop) auch möglichst vollständig mit quantitativen Daten abgebildet werden. Oft erfordert dies Kreativität und Hartnäckigkeit, ist aber wichtig für eine Reduktion der Baseline, d. h. eine möglichst weitgehende Erklärung der Zusammenhänge.

 Granuläre Daten und ausreichende Historie:
Daten sollten wochengenau vorliegen und für die letzten zwei bis vier Jahre verfügbar sein. Wichtig ist, dass die zugrunde liegenden Definitionen konsistent sind (z. B. hinsichtlich Produktzuordnung oder Zielgruppen).

 Split in Teilmodelle erwägen:
Die Aussagekraft und praktische Anwendbarkeit der Erkenntnisse lässt sich durch eine Aufteilung in Teilmodelle (z. B. für Regionen oder Absatzkanäle) häufig deutlich erhöhen.

 Blick auf die richtigen Gütekriterien:
Wichtiger als ein starrer Fokus auf klassische Gütekriterien wie das Bestimmtheitsmaß ist es, sicherzustellen, dass eine hohe Erklärungs- und Vorhersagegüte besteht (z. B. niedriger MAPE).

Regelmäßige Aktualisierung:
In einer dynamischen Umwelt müssen auch die Marketingmodelle regelmäßig aktualisiert werden. Sinnvoll sind weitgehend automatisierte monatliche oder vierteljährige Rekalibrierungen und eine jährliche Überprüfung der Modellstruktur.

6

Multi-Touch-Attribution und Unified Measurement

In den vorausgehenden Kapiteln wurde intensiv auf Marketing-Mix-Modelling (MMM) als Werkzeug für optimierte Budgetallokation im Marketing eingegangen. In Unternehmen, die vorrangig auf digitale Marketingkanäle (SEA, Social Media, Display Ads etc.) setzen, hat sich hingegen Multi-Touch-Attribution (MTA) – oder synonym Attribution Modeling – als Methode der Wahl etabliert. In diesem Kapitel wollen wir nicht nur die Begrifflichkeiten klären, sondern auch Entscheidungshilfe und Empfehlungen zu geben, um das Beste aus beiden Welten zu erhalten.

6.1 Zwei Werkzeuge – ein Ziel

Weil Marketing-Mix-Modelle eine deutlich längere Historie haben, gelten sie vor allem bei Experten für Digitalmarketing manchmal als ein wenig old school. Daher ist zunächst der vielleicht wichtigste Aspekt des Kapitels festzuhalten:

Sowohl MMM als auch MTA verfolgen prinzipiell das gleiche Ziel: Eine möglichst korrekte Zuweisung des Erfolgsbeitrags zu unterschiedlichen Marketingaktivitäten als Entscheidungsunterstützung für eine effiziente Allokation des Werbebudgets.

Der wichtigste Unterschied dabei ist die Betrachtungsebene:

- Es ist die Leistung von **MMMs, den aggregierten – also summierten – Verlauf einer Erfolgsgröße (z. B. Absatzvolumen pro Woche) in die ent-**

© Der/die Autor(en), exklusiv lizenziert durch Springer Fachmedien Wiesbaden GmbH, ein Teil von Springer Nature 2021
S. Stürze et al., *Agiles Marketing Performance Management*,
https://doi.org/10.1007/978-3-658-34815-1_6

sprechenden Einflussfaktoren zu zerlegen (z. B. Mediaintensität, aber auch Wetter, Preisveränderungen etc.) und deren Wirkungsbeitrag zu bestimmen (siehe Kap. 5). Sie bieten zudem die Möglichkeit, die langfristigen Markeneffekte der Werbung effektiv mit einzubeziehen. Hierzu kommen *immer* entsprechende statistische Verfahren zum Einsatz, wie zum Beispiel Regressionsmodelle.

• **MTAs hingegen nehmen die Betrachtungsweise der individuellen Customer Journey ein** und basieren daher auf individuellen statt auf aggregierten Daten. Man versucht, alle Berührungspunkte eines Kunden oder Leads vom ersten Klick auf ein Banner bis zum Abschluss des Kaufvorgangs im Shop nachzuzeichnen. So lässt sich der generierte Umsatz oder die Bruttomarge eines Kaufaktes auf die vorangegangenen Anstöße bzw. Touchpoints mit dem Kunden verteilen. Dieser Verteilung *kann* mit statistischen Verfahren erfolgen, kann aber auch auf Annahmen basieren, die im Folgenden noch diskutiert werden.

Abb. 6.1[1] (vgl. Abb. 6.1) stellt diesen Unterschied in der Betrachtungsebene nochmals grafisch dar. Es bleibt hierbei erneut festzuhalten: Beide Verfahren – MMM & MTA – dienen dazu, für möglichst viele Marketingaktivitäten einen Wirkbeitrag zu ermitteln und mit dieser Erkenntnis Budget zu verteilen.

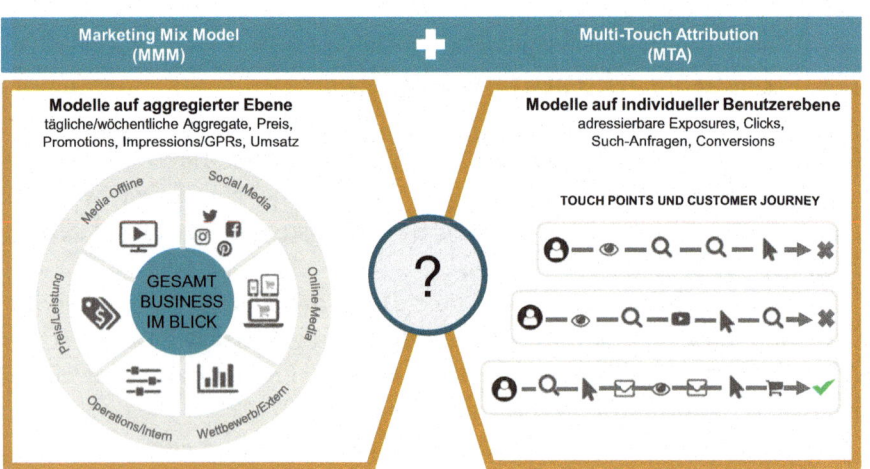

Abb. 6.1 Unterschiede zwischen MMM und MTA (übersetzt aus The Drum 2018)

---

[1] https://www.thedrum.com/industryinsights/2018/11/28/combined-forces-when-attribution-falls--short-take-unified-view (abgerufen am 13.01.2021).

6.2   There is no such thing as a free lunch: Unterschiede und Anwendungsfälle

Trotz des gleichen Zwecks ergeben sich aufgrund der unterschiedlichen Betrachtungsebenen von MMM und MTA erhebliche Unterschiede und damit eine bessere oder geringere Eignung für verschiedene Anwendungsfälle.

Die folgende Tabelle fasst zunächst die wesentlichen Unterschiede zwischen MMM und MTA zusammen:

		MMM	MTA
Modell	**Verwendetes Modell**	Statistisches Modell	Oft basierend auf Attributions*regeln*[71]
	Modellaktualisierung	Einmaliges Setup, Rekalibrierung nach Bedarf	Im Prinzip täglich mit jeder neuen Transaktion
Daten	**Granularität der Daten**	Aggregiert (z. B. Summe der wöchentlichen Ausgaben und Sales)	Einzelner Kunde
	Datenquelle(n)	Existierende Quellen (z. T. in Silos) wie Mediaausgaben, CRM, ERP	Cookies & Tags
	Benötigte Datenmengen	Zwei bis drei Jahre Historie (aggregierte Wochendaten)	Möglichst viele Impressions und Kaufakte pro Woche auf Einzelkundenebene
Anwendung	**Mediakanäle**	Alle, für die Daten vorhanden sind	Meist nur Digital[72]
	Abbildung neuer (digitaler) Kanäle	Benötigt mehrere Monate relevante Ausgaben	Vergleichsweise schnell
	Andere Marketing- und Vertriebsaktivitäten ("beyond media")	Ja, sofern Daten vorhanden	Nein
	Andere Einflussfaktoren (z. B. Wetter, Wettbewerb)	Ja, sofern Daten vorhanden	Nein
	Absatzwirkung	Offline und Online	Nur Online (Kaufakte müssen mit Journey verknüpft werden)[73]
	Langfristwirkung des Marketings	Ja, wenn Markentracking einbezogen wird	Nicht möglich
	Erkenntnisse zu Kundengruppen / Kundensegmenten	Nur, wenn Daten und Modeling pro Kundengruppe vorliegen	Leichter möglich, theoretisch bis auf Einzelkundenebene

[a] Eine Ausnahme bildet die „Algorithmic Attribution", siehe dazu das nächste Unterkapitel.

[b] Mit der Zunahme der Digitalisierung von Offlinekanälen (Stichwort „Adressable TV") werden selbst traditionelle Kanäle schrittweise dem Einzelkunden zuordenbar.

[c] Offlinekaufakte können mit Instrumenten wie personalisierten Loyalty Cards einer Online Journey zugeordnet werden.

An den Einfärbungen in der Tabelle lässt sich direkt ableiten, wofür MMM und MTA jeweils besser oder schlechter geeignet sind und wo die jeweiligen Limitationen liegen:

- MMMs sind dafür gemacht, die verschiedensten Einflüsse (nicht nur digitaler Werbung) auf eine wirtschaftliche Zielgröße wie z. B. den Wochenabsatz separat auszuweisen. Dies schließt langfristige Effekte des Marketings (z. B. durch den Aufbau von Markenloyalität) ebenso ein wie den Einfluss nicht-digitaler Kanäle wie Out-of-Home.

- MTAs hingegen sind stark im Herunterbrechen erfolgreicher Kundenkonversionen und zwar bis auf die Ebene eines einzelnen Kunden. Sofern die involvierten Softwaresysteme dies leisten können, erlauben MTAs ein tägliches Update der entsprechenden Erkenntnisse, da jeden Tag neue Kaufakte anfallen.

Letztlich geht es wieder um **Daten – beide Methoden brauchen sie, wenn auch in unterschiedlicher Breite und Tiefe:**

- MMM kommt für das initiale Setup nicht ohne eine gewisse Historie von mindestens zwei Jahren aus. Um die Veränderung der Zielgröße gut zu erklären, ist oft das Zusammenziehen von historischen Daten aus verschiedenen „Silos" erforderlich (also aus unterschiedlichen Systemen und Quellen mit unterschiedlichen Verantwortlichkeiten und Definitionen). Agenturwechsel u. ä. erschweren diesen Vorgang nicht selten.

- Ein E-Commerce-Startup hingegen, welches heute einen Onlineshop eröffnet, kann im Prinzip ab dem ersten Tag mit MTA arbeiten. Voraussetzung ist, dass alle verwendeten Kontaktpunkte und der Shop selbst mit sogenannten Tags konsequent gekennzeichnet sind, um für jede Transaktion die durchlaufene Journey korrekt abzubilden und der Transaktion auch zuordnen zu können – in etablierten Unternehmen oft ebenfalls keine triviale Aufgabe.

- Die Tatsache, dass MTAs auf individuellen (Online-)Daten basieren und daher meist Cookies erfordern, stellt insbesondere in Europa angesichts steigender Datenschutzanforderungen eine zunehmende Herausforderung dar. Wenn immer weniger Nutzer/-innen das Setzen von Cookies erlauben, Browsereinstellungen dies verhindern und zudem strengere Regeln über die „Aufbewahrungsfristen" – also letztlich die Langlebigkeit – von Cookies gelten, kann dies schrittweise zu einer rückläufigen Anwendbarkeit von MTAs führen. Manche Fachleute sprechen in diesem Zusammenhang von einer Renaissance der MMMs, weil sie nicht auf diese Daten angewiesen sind.[2] Auf diese Privacy-Aspekte gehen wir in Kap. 7 näher ein.

6.3   MTAs sind (zu) häufig nicht mehr als Regeln

Trotz der o. g. Einschränkungen verwenden heute die allermeisten E-Commerce-Unternehmen das eine oder andere Attributionsmodell, um ihre Marketingbudgets zwischen verschiedenen – vor allem wiederum digitalen – Marketingkanälen auszusteuern. Der Begriff Modell kann dabei jedoch irreführend sein, denn in den meisten Fällen ist hier kein statistisches Modell gemeint wie bei MMMs, sondern **ein Attributionsmodell ist meist schlicht eine Entscheidung für die eine oder andere Regel, welchen Kanälen mehr oder weniger Wirkbeitrag beigemessen wird.**
Zwei typische Regeln sind:

- **Last Click:** 100 % der generierten Bruttomarge eines Kaufaktes im Onlineshop für Kunde X wird der letzten Interaktion (z. B. Klick auf eine Google-Anzeige) zugeschrieben. Alle anderen Interaktionen davor gelten für diese konkrete Journey als wirkungslos.
- **Position-based („Badewanne"):** 50 % des Marketingerfolgs wird der ersten Interaktion zugeschrieben (first click) und 50 % der letzten (last click).

Abb. 6.2 (vgl. Abb. 6.2) stellt dieses Prinzip, die wichtigsten der üblichen Attributionsregeln sowie die impliziten Annahmen dahinter am Beispiel einer Customer Journey mit vier Touchpoints/Clicks dar:
Wenn man die gewählte Attributionsregel auf alle getrackten Customer Journeys anwendet, so erhält man in der Summe über alle Transaktionen eines bestimmten Zeitraums den Wirkbeitrag jedes Kanals über alle Kunden hinweg. Jedoch muss man sich als Marketingentscheider bewusst machen, dass

---

[2] Mayer, L.-A., Die Folgen der Cookiekalypse – Warum Marketing-Mix-Modelling jetzt ein Comeback feiert, https://www.horizont.net/tech/kommentare/die-folgen-der-cookiekalypse-warummarketing-mix-modelling-jetzt-ein-comeback-feiert-180991 (abgerufen am 13.01.2021).

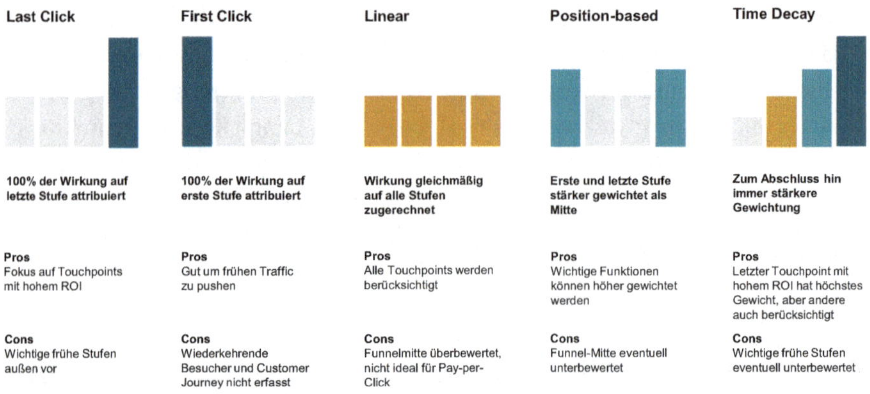
Last Click
100% der Wirkung auf letzte Stufe attribuiert
Pros
Fokus auf Touchpoints mit hohem ROI
Cons
Wichtige frühe Stufen außen vor
First Click
100% der Wirkung auf erste Stufe attribuiert
Pros
Gut um frühen Traffic zu pushen
Cons
Wiederkehrende Besucher und Customer Journey nicht erfasst
Linear
Wirkung gleichmäßig auf alle Stufen zugerechnet
Pros
Alle Touchpoints werden berücksichtigt
Cons
Funnelmitte überbewertet, nicht ideal für Pay-per-Click
Position-based
Erste und letzte Stufe stärker gewichtet als Mitte
Pros
Wichtige Funktionen können höher gewichtet werden
Cons
Funnel-Mitte eventuell unterbewertet
Time Decay
Zum Abschluss hin immer stärkere Gewichtung
Pros
Letzter Touchpoint mit hohem ROI hat höchstes Gewicht, aber andere auch berücksichtigt
Cons
Wichtige frühe Stufen eventuell unterbewertet

Abb. 6.2 Alternative Attributionslogiken (übersetzt aus: Crawford 2019 (Crawford, T.: How to Pick the Right Attribution Model for Your Business, https://heap.io/blog/right-attribution-model, (abgerufen am 13.01.2021).))

diese Erkenntnis auf der Anwendung einer Regel basiert, die man selbst vorweg gesetzt hat und die (siehe Abb. 6.2) entsprechende Annahmen über die Welt impliziert.

Neuere Entwicklungen (die man als **Algorithmic Attribution** bezeichnet) versuchen diese Schwäche auszugleichen. Ziel ist es dabei im Prinzip, durch Analyse vieler historischer Kaufakte und den entsprechend vorangegangen Journeys diejenige Attributionsregel zu ermitteln, welche das historische Verhalten der Kunden am besten erklärt. Diese Regel kann auch spezifisch für bestimmte Kundensegmente sein und sich über die Zeit verändern.[3] Da Algorithmic Attribution auf Verfahren des Machine Learning (z. B. auf Neuronalen Netzen) basiert, erfordert es jedoch ein sehr großes Datenvolumen (also viele beobachtete Kaufakte und viele Klicks davor), um die richtigen Schlüsse zu ziehen. Es ist daher vor allem E-Commerce-Unternehmen wie Amazon und Zalando vorbehalten, die über eine entsprechend große Datenbasis zum Lernen verfügen.

[3] Haleua, C.: Algorithmic Attribution: Choosing the Attribution Model That's Right for Your Company, https://blog.adobe.com/en/2017/01/12/algorithmic-attribution-choosing-attribution-model-thats-right-company.html#gs.hvlkey (abgerufen am 13.01.2021).

6.4   Das Beste aus beiden Welten?

Die bisherigen Ausführungen haben gezeigt, dass MMMs und MTAs ihre jeweiligen Stärken und Schwächen haben und damit ihre Berechtigung nebeneinander. Insbesondere CMOs in Multi-Kanal-Unternehmen, die zudem noch Budgets über verschiedene Marken und Produktgruppen allokieren müssen, kommen um MMMs nicht herum, wenn sie an einer datengetriebenen Optimierung der Budgetallokation Offline und Online interessiert sind und zudem am langfristigen Aufbau ihrer Marke(n). Gleichzeitig nimmt die Nutzung digitaler sowie spitzer targetierbarer Marketingkanäle immer mehr zu (siehe Kap. 7), und Marketer möchten auf den Detailgrad und die Automatisierbarkeit eines MTA nicht verzichten.

Multi-Channel-Unternehmen mit einem Mix aus Online- und Offline-marketing (insbesondere mit hohem TV-Anteil zum Markenaufbau) verfolgen daher mittlerweile verstärkt einen integrativen Ansatz, der das Beste aus beiden Welten zu verbinden versucht:

- Ein MMM wird eingesetzt, um alle relevanten Wirkungszusammenhänge auf eine ökonomische Zielgröße zu identifizieren. Dieses beinhaltet idealerweise kurz- und langfristige Effekte sowie Effekte, die das Unternehmen selbst nicht beeinflussen kann (z. B. Marketingintensität des Wettbewerbs). **Hieraus werden Allokationsentscheidungen auf strategischer und taktischer Ebene abgeleitet,** z. B. *„3,8 % des Gesamtbudgets als optimales Ausgabenniveau für SEA Brand in Monat Juli für Produktgruppe X der Marke Y".*
- Ein MTA wird wiederum für die Feinsteuerung der digitalen Kanäle eingesetzt und erlaubt die tägliche Aussteuerung bis auf die Ebene des einzelnen Kunden. **Diese Feinsteuerung bewegt sich allerdings im Rahmen der Budgetleitplanken, welche durch das MMM vorgegeben werden („Single Source of Truth").**
- A/B-Testing – also strukturierte Experimente – sind ein weiterer essentieller Bestandteil der Toolbox, weil es immer wieder Kanäle geben wird, zu denen es noch keine historische Daten gibt und deren Effektivität man zunächst durch sauber strukturierte A/B-Tests in Erfahrung bringen muss. **Dies hat den angenehmen Nebeneffekt, dass hierdurch wiederum historische Daten generiert werden, die dem MMM bei der nächsten Rekalibrierung helfen, seine Empfehlungen zu adjustieren.**

So wird aus der Kombination der drei Tools eine Art Regelkreis, der bei stetiger Anwendung zu immer besseren Allokationsentscheidungen führt (vgl. Abb. 6.3).[4]

6.5 Empfehlungen für Unternehmensentscheider/-innen

Sicherlich haben alle Unternehmen, die Werbung betreiben, das Bestreben einer soliden Attribution – also die korrekte Zuweisung von Wirkbeiträgen. Wie dieses Kapitel gezeigt hat, gibt es allerdings dafür je nach Datenlage und Zielsetzung unterschiedliche Möglichkeiten. Wie macht man das Beste daraus?

Abb. 6.3 Zusammenspiel MMM, MTA und A/B-Tests (übersetzt aus Stern 2019)

---

[4] Stern, J.: Ein Framework für ROI-getriebene Portfolio-Optimierung, In: Conference Proceedings AxCon 2019 (unveröffentlicht).

Organisatorische Erfolgsfaktoren

Top-Down-Allokation:
Am Ende haben alle eingesetzten Budgets das langfristige Ziel, den Gross Profit zu steigern. Daher braucht es eine übergreifende Logik, wie Budgets strategisch (Jahresplanung) und taktisch (z. B. Quartale) verteilt werden. Idealerweise ist diese Logik international konsistent. Diese gibt vor, wieviel Budget im Planungszeitraum die Marke X, Produktlinie Y und Kanal Z bekommt. Die Feinsteuerung übernehmen die Kanalverantwortlichen (z. B. Optimierung der Search Terms).

Media / Marketing / Verkaufsförderung:
Eine wirkungsvolle Allokation setzt auch voraus, dass die Budgetplanung cross-funktional nach klaren Optimierungskriterien (z. B. maximiere Absatz) erfolgt, auch wenn z. B. Media und Lead Acquisition unterschiedliche Abteilungen sind.

Analytics / Consumer Insights:
Analytics muss die Klammer bilden und sicherstellen, dass z. B. A/B-Tests so koordiniert werden, dass sie sinnvolle Ergebnisse liefern und die nächste MMM-Runde mit ihren Daten befruchten.

Methodische Erfolgsfaktoren

Best of Breed:
Unsere Erfahrung ist, dass ein Best-of-Breed-Ansatz aus MMM, MTA und A/B-Testing mit den jeweils geeigneten Tools ein besserer Weg ist als die Suche nach dem heiligen Gral des „Unified Measurement" aus einer Hand.

Schnittstellen:
Der Grund hierfür ist auch, dass die Schnittstellen zwischen diesen Bereichen eigentlich leicht zu managen sind. Beispiel: „MMM gibt die Budget-Leitplanken für MTA vor". Es muss nur klar sein, welches System wofür führend ist.

Strukturierte Tests nicht vernachlässigen:
Man wird immer neue Kanäle und neue Produkte haben, für die es keine historischen Daten gibt. Daher müssen sauber strukturierte Tests ein essentieller Bestandteil im Mix sein und bleiben. Kein Modell kann diese ersetzen.

7

Individuelles Targeting und Privacy

In Kap. 3 sind wir auf die immensen Größenordnungen an Investments eingegangen, die mittlerweile in digitales Marketing fließen und auf den Anteil, der möglichst individuell ausgesteuert wird.

Im vorigen Kapitel haben wir dann Multi-Touch-Attribution (MTA) beleuchtet als eine mögliche Grundlage für die Optimierung der Budgetallokation im Marketing auf Kanäle bzw. Touchpoints. Wie beschrieben basiert MTA auf einer Datenbasis aus individuellen Customer Journeys, also dem Wissen darum, welche Klicks und Seitenaufrufe jedem einzelnen Kaufakt vorausgegangen sind.

Diese Konzepte stammen aus einer **auf Individuen zugeschnittenen Marketingrealität bestehend aus individuellem Targeting und individuellem Tracking der Kunden-Response.** In diesem Kapitel werden wir spezifischer auf die Chancen, Risiken und neueren Beschränkungen dieser Möglichkeiten durch gesetzliche Vorgaben sowie jüngste Marktdynamiken eingehen.

7.1 Segment-of-One

Individuelles Marketing (oder auch One-to-One-Marketing) beschreibt technisch ausgedrückt die Extremform einer Kundensegmentierung mit der Segmentgröße 1. Daher auch die alternative Bezeichnung Segment-of-One-Marketing:

S. Stürze et al., *Agiles Marketing Performance Management*,
https://doi.org/10.1007/978-3-658-34815-1_7

„1:1-Marketing zielt darauf ab, durch möglichst individuelle Kundenbetreuung maßgeschneiderte Angebote zu offerieren, die in der Lage sind, die Wünsche und Vorstellungen des einzelnen Kunden möglichst genau und umfassend zu erfüllen."[1]

Das Konzept des individualisierten Marketing geht bereits auf wissenschaftliche Literatur vom Ende der 1980er und Anfang der 1990er-Jahre zurück, insbesondere auf die Standardwerke von Richard Tedlow[2] sowie das bekannte Paper „Markets of a Single Customer" von Kara & Kaynak.[3]

Die folgende Abb. 7.1 (vgl. Abb. 7.1) stammt aus einem Artikel der Boston Consulting Group aus dem Jahre 1989[4] und zeigt neben der oben angesprochenen Evolution von Massen- über Segment- zu individuellem Marketing vor allem bereits einige organisationale Anforderungen, die ein individualisiertes Marketing mit sich bringen:

In der Marketingkommunikation und vor allem der Budgetallokation geht One-to-One-Marketing insbesondere mit der individuellen Aussteuerung von Werbung einher, also der Targetierung von individuellen Konsumenten mit möglichst hoher Wahrscheinlichkeit einer entsprechenden Response.

Hierbei sind verschiedene Formen des Targeting – insbesondere im digitalen Bereich – zu unterscheiden.[5] Hier sind im Kontext dieses Kapitels vor allem zwei Dimensionen relevant:

ORGANIZATIONAL IMPERATIVES

Approach:	Mass Marketing	Segment Marketing	Selling to Segments of one
Information needs:	limited	periodic	real time
Decision-Making:	highly centralized	centralized	decentralized
Organization:	functional	functional and teams	integrated system
Long-term Planning:	product	product / market	capabilities

Abb. 7.1 Evolution von Massenmarketing zu Segment-of-One-Marketing (Edelman 1989)

---

[1] https://www.absatzwirtschaft.de/markenlexikon/one-to-one-marketing/ (abgerufen am 028.02.2021).

[2] Tedlow, R.A.: New and Improved: The Story of Mass Marketing in America, Basic Books, 1990; sowie Tedlow, R.A. / Jones, G.: The Rise and Fall of Mass Marketing, Routledge, 1993.

[3] Kara, A. / Kaynak, E.: Markets of a Single Customer: Exploiting Conceptual Developments in Market Segmentation, In: European Journal of Marketing, Vol. 31(11/12), 1997, S. 873–885.

[4] Edelman, D.: Segment-of-One Marketing, https://www.bcg.com/publications/1989/strategy-segment-of-one-marketing (abgerufen am 28.02.2021).

[5] O.A.: Targeting, https://www.onlinemarketing-praxis.de/glossar/targeting (abgerufen am 28.02.2021).

- **Anonymität:** Ist der zu targetierende Konsument namentlich bekannt oder nicht? Im zweiten Fall ist noch zu unterscheiden, ob er zumindest eindeutig identifizierbar ist, d. h. beispielsweise, ob man mit Sicherheit sagen kann, dass der gleiche Konsument nach einigen Tagen erneut einen Online-Shop „betritt", auch wenn sie/er bisher kein registrierter Bestandskunde ist.
- **Genutzte Daten:** Wie breit ist der Datenkranz bezüglich eines individuellen Konsumenten, den der Werbetreibende zum Zwecke des Targeting nutzen kann? Wenn man z. B. Fernsehwerbung kurz vor der Tagesschau schaltet, so kann man als Datenquelle nur auf die Mediadaten der ARD zurückgreifen, welche die typische Zuschauerschaft der Tagesschau bzgl. ihrer Anzahl, Sozio-Demografie usw. beschreiben. Schickt man im anderen Extrem hingegen personalisierte E-Mail-Newsletter an Bestandskunden seines Online-Shops, so wäre im Extremfall ein Segment-of-One-Newsletter denkbar, welcher gestalterisch und inhaltlich auf den Adressaten ausgerichtet ist und für diese Ausrichtung aus dem gesamten Datenbestand über den Adressaten „gelernt" hat (historisches Einkaufsverhalten, Sozio-Demografie, Daten zur Rechnungsadresse wie z. B. das dort vorherrschende Einkommensniveau usw.).

Abb. 7.2 (vgl. Abb. 7.2) stellt die bekanntesten Targeting-Techniken anhand dieser beiden Dimensionen dar.

Die **für das Targeting genutzten Informationen müssen dabei natürlich nicht zwingend im Besitz des Werbetreibenden selbst sein** (dann spricht man von 1st party data). Facebook (in dem Fall also die 2nd party) bietet Werbetreibenden zum Beispiel eine Fülle von Targeting-Kriterien an, die

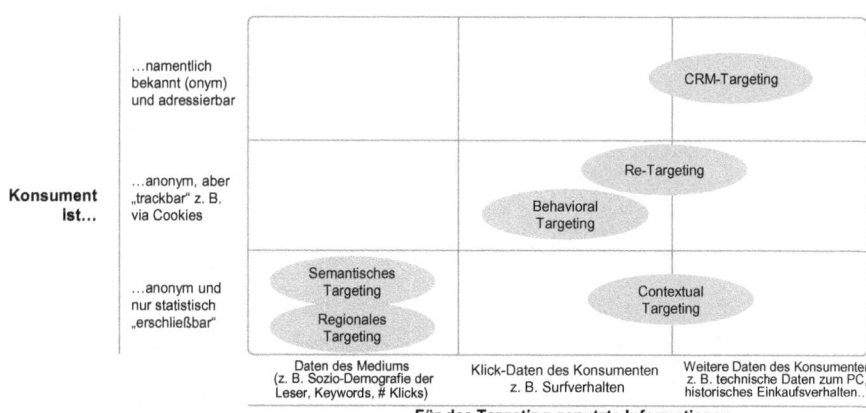

Abb. 7.2 Typische Targeting-Techniken (eigene Darstellung)

natürlich nur dann greifen, wenn die Werbebotschaft innerhalb des Facebook-Universums an die Konsumenten ausgespielt wird. Eine Auswahl dieser Kriterien zeigt die in Abb. 7.3 (vgl. Abb. 7.3) dargestellte Buchungsmaske.

7.2   Chancen des individuellen Targeting und die Kraft von 1st party data

Es ist zwar eine sehr grobe Vereinfachung, aber in unserer Modelingarbeit für multinationale Werbetreibende sehen wir immer wieder zwei Dinge:

1. **Wenn kurzfristige Absatzmaximierung das Ziel ist (= Performance), so haben targetierte Kanäle im Durchschnitt immer einen höheren ROI als Breitenwerbung wie Radio.**

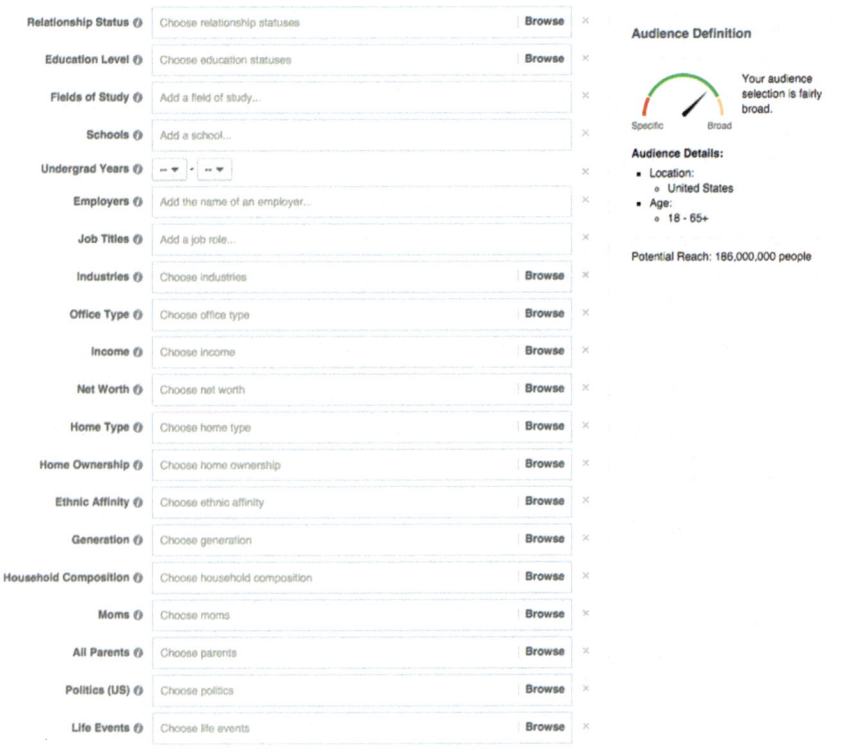

Abb. 7.3   Auswahl an Targeting-Kriterien bei der Buchung von Facebook-Werbung (https://www.facebook.com/ad_center/create/ad/ (abgerufen am 18.04.2021).)

2. **Je individueller die Targetierung und je breiter die hierfür genutzte Datenbasis, desto höher die Effektivität der ausgespielten Werbung.**

Zum Beispiel: Datengetriebene individualisierte Newsletter sind im Schnitt effektiver als Suchmaschinenmarketing für relevante Keywords.

Diese beiden Erkenntnisse sind sicherlich intuitiv einleuchtend, da targetierte Werbung entsprechend ihrer inhärenten Logik Streuverluste minimiert. Der zweite Grund für ihre hohe Effektivität ist allerdings, dass individuell targetierte Werbeformen wie Retargeting oder E-Mail-Newsletter fast immer am „lower end" des Marketing-Funnels ansetzen. Anders gesagt: Diese Werbeformen adressieren tendenziell solche Kunden, die die Marke des Werbetreibenden bereits kennen oder sogar – wie beim Retargeting – Interesse für bestimmte Produkte im Online-Shop durch ihr Klick-Verhalten artikuliert haben.

Das folgende Praxisbeispiel eines deutschen Einzelhändlers mit über 200 Filialen soll dies illustrieren: Seine traditionell wichtigste Werbeform – wie bei vielen Filialisten – sind wöchentliche Zeitungsbeilagen in den Regionen, in denen der Händler mit Filialen präsent ist (= regionales Targeting). Hierauf hat der Händler im aktuellen Mediamix über die Hälfte seines Budgets allokiert (vgl. Abb. 7.4).

Seit zwei Jahren kooperiert der Händler jedoch zusätzlich mit einem landesweit tätigen Loyalty-Programm und kann darüber targetierte Direct Mailings

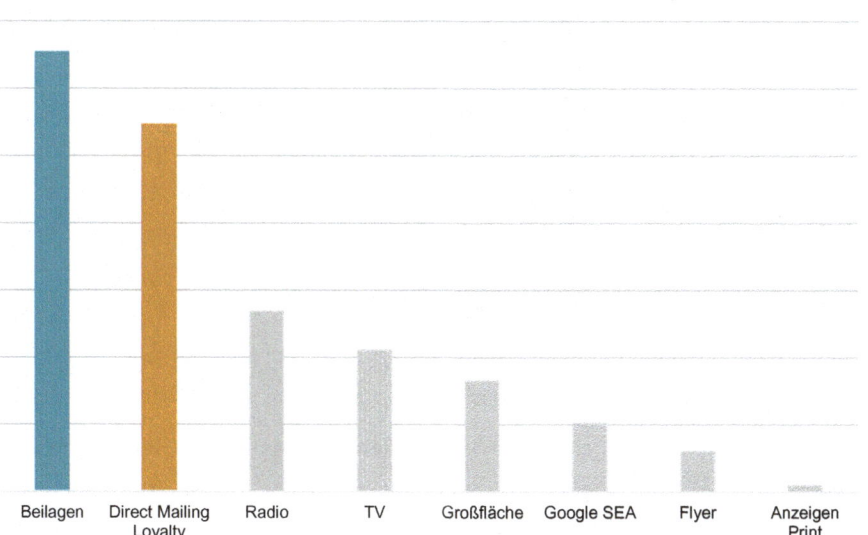

Abb. 7.4 Effektivität verschiedener Medienkanäle bei einem deutschen Filialisten (eigene Darstellung)

ausspielen an Kunden, die erst kürzlich eine Filiale besucht haben (der Loyalty-Card-Anbieter besitzt die hierfür erforderlichen Opt-Ins und versendet die Briefe im Namen des Händlers).

Im Ergebnis erreicht diese targetierte Werbeform eine Effektivität, welche sich in ähnlichen Dimensionen wie die Zeitungsbeilagen bewegt – trotz eines weit geringeren Budgeteinsatzes von nur einem Siebtel im Vergleich zu den Beilagen. Daher wird in der auf Modeling basierten Budgetoptimierung (vgl. Abb. 7.5) auch eine deutliche Höhergewichtung dieses Kanals mathematisch abgeleitet. Diese ist aktuell nur durch die Verfügbarkeit DSGVO-konformer Adressen limitiert.

Aus diesem Beispiel lässt sich klar die Erkenntnis ableiten: **1st party data lohnen sich.** Wann immer Werbetreibende die Möglichkeit haben, im Rahmen legaler Möglichkeiten eigene Datenpools (Kontaktdaten und für das Targeting hilfreiche Informationen) über ihre Bestandskunden und ihre Leads aufzubauen, so ist dies für effektives Marketing zu empfehlen. Die Effektivität individualisierter Werbung ist typischerweise hoch und Ausspielung an eigene Kunden ist effizienter als Ausspielung via Drittparteien wie Loyalty-Card-Betreiber oder große Werbeplattformen.

Die wissenschaftliche Forschung bestätigt diese Erkenntnisse: **Wenn ein am Verhalten des Nutzers ausgerichtetes Targeting verlässlich möglich ist, so liegt die kurzfristige Werbeeffektivität deutlich höher als ohne.**[6] Dies

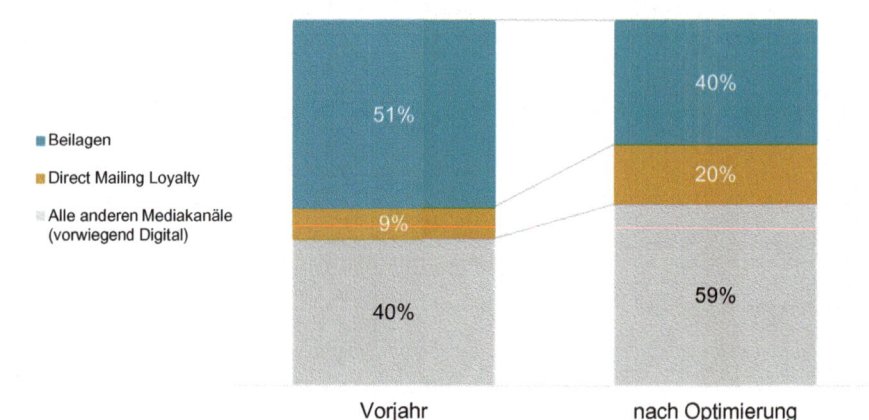

Abb. 7.5 Aus dem Modeling abgeleitete Budgetoptimierung eines deutschen Filialisten (eigene Darstellung)

---

[6] Haan, E. / Wiesel, T. / Pauwels, K.: The effectiveness of different forms of online advertising for purchase conversion in a multiple-channel attribution framework, In: International Journal of Research in Marketing, Vol. 33(3), 2016, S. 491–507.

gilt übrigens nicht zwingend für Publisher, also die Betreiber von journalistischen Plattformen im Internet: Das Vorhandensein von Cookies und damit die Möglichkeit von individuellem Targeting & Tracking bietet diesen nur einen marginalen Umsatzvorteil.[7]

7.3 Enttäuschte Erwartungen und Hypertargeting

Wie in Abschn. 7.1 erläutert, sind natürlich nicht alle – auch nicht alle digitalen – Werbeformen individuell targetierbar. Dennoch durchlief das Digitalmarketing seit der Ausspielung des ersten digitalen Banners im Jahre 1994 einen beispiellosen Siegeszug, was den Anteil der Werbeausgaben anging. Ein wichtiger Grund hierfür liegt im inhärenten Versprechen einer höheren Effektivität. Und dieses Versprechen hat nicht zuletzt etwas mit der Vermeidung von Streuverlusten durch bessere Targetierung zu tun.

In den letzten fünf Jahren setzte hingegen eine zunehmende Katerstimmung unter den großen Werbetreibenden ein, die 2021 in einem viel beachteten Kommentar von Marc Pritchard – CMO von Proctor&Gamble – im Journal of Marketing gipfelte mit dem Titel: **„Half my *digital* Advertising is wasted".**[8] Seine Kritik richtete sich dabei vor allem auf eine „nontransparent, murky, and sometimes even fraudulent digital supply chain". Der digitale Werbemarkt wird von wenigen großen Spielern beherrscht und es gibt kaum unabhängige Stellen, welche die entsprechenden KPIs messen bzw. kontrollieren. Dies führt zu einer oftmals überschätzten Werbewirkung und lässt sich an zwei Beispielen illustrieren:

- **Ad Fraud/Bots:** Werbetreibende stellen immer wieder fest, dass ein Abschalten ihrer digitalen Werbemedien über einen gewissen Zeitraum zwar einen immensen Effekt auf den Traffic ihrer Webseite hat, aber kaum einen Unterschied im Absatz oder Umsatz zu erkennen ist.[9] Der Grund ist meist die Aktivität von Bots, welche zwar auf Werbung „klicken", aber natürlich keinerlei Transaktionen tätigen, geschweige denn in Offline-Shops

[7] Marotta, V. / Vibhanshu, A. / Acquisti, A.: Online Tracking and Publishers' Revenues: An Empirical Analysis; Preliminary Draft, https://weis2019.econinfosec.org/wp-content/uploads/sites/6/2019/05/WEIS_2019_paper_38.pdf (abgerufen am 07.03.2021).

[8] Pritchard, M.: Commentary: Half My Digital Advertising is Wasted …; In: Journal of Marketing, Vol. 85(1), 2021, S. 26–29.

[9] Aral, S.: What Digital Advertising Gets Wrong, https://hbr.org/2021/02/what-digital-advertising-gets-wrong (abgerufen am 07.03.2021).

gehen oder eine langfristige Markenwirkung verspüren.[10] Die anfänglich erfreuliche Wirksamkeit der digitalen Werbung stellt sich schnell als Strohfeuer heraus und macht zurecht misstrauisch gegenüber den verbreiteten Click-basierten Bezahlmodellen.

- **Überzogene Reichweitenangaben:** Anfang diesen Jahres wurde bekannt, dass Facebook Kenntnis davon hatte, dass seine Targeting-Tools (siehe Screenshot im Abschn. 4.1) in vielen Fällen bei der Buchung von Werbung eine deutlich überschätzte Angabe der Reichweite (Reach) gemacht haben.[11] Dies liegt vor allem daran, dass die Targeting-Instrumente auch „Karteileichen" in der Nutzerschaft von Facebook zählen, die der Werbetreibende im Falle einer Bezahlung nach Reichweite mitbezahlt.

Diese Gruppe an Symptomen lassen sich im Prinzip alle damit addressieren, dass sich Werbetreibende nicht blenden lassen dürfen von einer scheinbar hohen Werbeeffektivität, solange man sich auf Zwischengrößen wie Reichweite und erzielte Klicks konzentriert. Die Beispiele zeigen einmal mehr, wie essentiell es ist, sich auf wirtschaftliche Zielgrößen (Absatz/Umsatz) der Werbewirkung zu konzentrieren und den Zusammenhang zwischen Input und wirtschaftlichen Output durch ökonometrische Modelle zu belegen (siehe Kap. 5).

Ein zweites Risiko des individuellen Targeting ist eher inhaltlicher Natur und wird durch das folgende Zitat von Andrew Willshire sehr gut beschrieben:

„Chasing individuals around the internet produces more data than can be managed, yet not enough to solve the problem."[12]

Die Marketingwissenschaft bezeichnet die Problematik auch häufig als Hypertargeting:[13] Ein quasi-individuelles Targeting ist natürlich immer dann machbar bzw. leichter umsetzbar, wenn man bereits einige Daten zum ent-

---

[10] Fung, K.: Why Fraudulent Ad Networks Continue to Thrive, https://hbr.org/2015/10/why-fraudulent-ad-networks-continue-to-thrive (abgerufen am 07.03.2021).

[11] Lomas, N.: Facebook knew for years ad reach estimates were based on ‚wrong data' but blocked fixes over revenue impact, per court filing, https://techcrunch.com/2021/02/18/facebook-knew-for-years-ad--reach-estimates-were-based-on-wrong-data-but-blocked-fixes-over-revenue-impact-per-court-filing (abgerufen am 07.03.2021).

[12] Willshire, A.: Attribution is broken, here's how to fix it, https://www.marketingweek.com/digital-attribution-is-broken-heres-how-to-fix-it/ (abgerufen am 07.03.2021).

[13] Pauwels, K.: Advertisers are too focused on hypertargeting individuals that they have UNDER-invested in awareness, https://www.linkedin.com/posts/prof-dr-koen-pauwels-0789713_unified-marketing-frameworkwhen-to-use-which-activity-6757793797658202112-n_Jr/ (abgerufen am 07.03.2021).

sprechenden Konsumenten hat oder sie/ihn zumindest identifizieren kann mit Hilfe von Tracking-Techniken wie zum Beispiel Cookies.

Dies ist jedoch vor allem dann der Fall, wenn es sich entweder um Bestandskunden handelt oder zumindest um Interessenten, die schon einmal durch ihr konkludentes Handeln Interesse für bestimmte Produkte oder die Marke des Werbetreibenden offenbart haben. Dies kann beispielsweise auch der Fall sein, wenn jemand ein konkretes Produkt auf einer Preisvergleichsseite gesucht hat. Dass Werbung, welche diesen Personenkreis targetiert, fast schon zwangsläufig eine höhere Effektivität hat, ist eine selbsterfüllende Prophezeiung.

In der Allokation knapper Marketingbudgets entsteht dadurch die Gefahr, dass sich Budgets immer stärker auf diese effektiven Werbeformen – und damit auf die 1 % möglicher Konsumenten – konzentriert, während 99 % keine Werbung zu sehen bekommen: „Advertisers […] are bombarding the 1 % who have bought, and neglecting the 99 % who haven't bought yet."[14]

Auch hier liegt der Schlüssel in konsequentem Modeling der Werbewirkung unter konsequentem Einbezug der mittelfristigen Werbewirkung (siehe Kap. 2). Die Situation ist vergleichbar mit der Gefahr, alle Mittel in kurzfristig hochwirksame Rabattaktionen zu investieren und dabei die mittelfristige Werbewirkung außer Acht zu lassen.

7.4 Limitationen durch Regulierung und Walled Gardens

Abgesehen von den im vorigen Kapiteln geschilderten Herausforderung des individuellen Targeting haben in den vergangen Jahren die **Limitationen aufgrund von Aktivitäten der Gesetzgeber sowie aufgrund von Marktdynamiken zugenommen.**

Hier sind zunächst die Bestrebungen der europäischen Regierungen zu nennen, die Privatsphäre ihrer Bürger in der digitalen Sphäre sowie deren Recht auf digitale Selbstbestimmung zu stärken. Diese Bemühungen gipfelten in der Verabschiedung der europäischen Datenschutzgrundverordnung

---

[14] Fou, A.: Digital Marketing Is Like Baseball – Mostly The Catching Part, https://www.forbes.com/sites/augustinefou/2020/09/18/digital-marketing-is-like-baseball-mostly-the-catching-part/?sh=2cca2beb6317 (abgerufen am 13.02.2021).

DSGVO (englisch GDPR) im Jahre 2018, welche einschneidende Limitationen in zwei wesentlichen Bereichen mit sich brachte:[15]

* Nutzer/Kunden müssen dem Erhalt von individuellen E-Mail-Newslettern explizit zustimmen und dies auch separat von nicht-werblichen Botschaften.
* Nutzer/Kunden müssen dem individuellen Tracking (insb. dem Setzen von Cookies) auf jeder relevanten Webseite explizit zustimmen. Dies ersetzte die bisher übliche Widerspruchslösung.

Eine weitere wichtige Entwicklung betrifft ebenfalls den Bereich der Tracking-Cookies, wurde aber weniger von staatlichen Stellen, sondern eher von den großen Technologie-Unternehmen selbst vorangetrieben. Hierbei ist zwischen First-Party-Cookies und Third-Party-Cookies zu unterscheiden. Erstere werden z. B. von besuchten Shops hinterlegt, damit Kunden sich nicht bei jedem Besuch neu einloggen müssen. Letztere hingegen werden vor allem von Marketingagenturen genutzt, um gezielt Werbung über Webseiten hinweg auszuspielen.[16]

Ob Third-Party-Cookies auf dem Gerät des Konsumenten abgelegt werden dürfen, hängt neben der Akzeptanz des Nutzers selbst (siehe DSGVO) vor allem vom Web-Browser ab. Und dieser Markt wird wiederum von ganz wenigen Applikationen beherrscht (vgl. Abb. 7.6):

Firefox und Opera sind generell „privacy-friendly" und daher von jeher sehr restriktiv bzgl. des individuellen Trackings. Safari (Apple) und IE/Edge (Microsoft) verweigern bereits seit mehreren Jahren das Setzen von Third-Party-Cookies in der Standardeinstellung. Bei Chrome (Google) wird dies Ende 2021 soweit sein. **Dies führt letztlich dazu, dass individuelles Tracking via Cookies nur innerhalb von Walled Gardens, also den „Universen" der großen Werbeplattformen wirklich zuverlässig möglich sein wird**[17] oder natürlich wenn der Werbetreibende selbst 1st party data besitzt und Konsumenten damit direkt ansprechen kann (siehe Abschn. 7.2). Eine dritte Möglichkeit ist die Nutzung von Verfahren der künstlichen Intelligenz, um – ohne das Vorhandensein von Cookies – eine Wahrscheinlichkeit zu ermitteln,

---

[15] Ghosh, D.: How GDPR Will Transform Digital Marketing, https://hbr.org/2018/05/how-gdpr-will-transform-digital-marketing (abgerufen am 07.03.2021).

[16] O.A.: No need to mourn the death of the third-party cookie, https://thenextweb.com/podium/2020/05/14/no-need-to-mourn-the-death-of-the-third-party-cookie/ (abgerufen am 07.03.2021).

[17] Hensel, A.: Cookiepocalypse: What the death of the third-party cookie means for retailers, https://www.modernretail.co/platforms/cookiepocalypse-what-the-death-of-the-third-party-cookie-means-for-retailers/ (abgerufen am 07.03.2021).

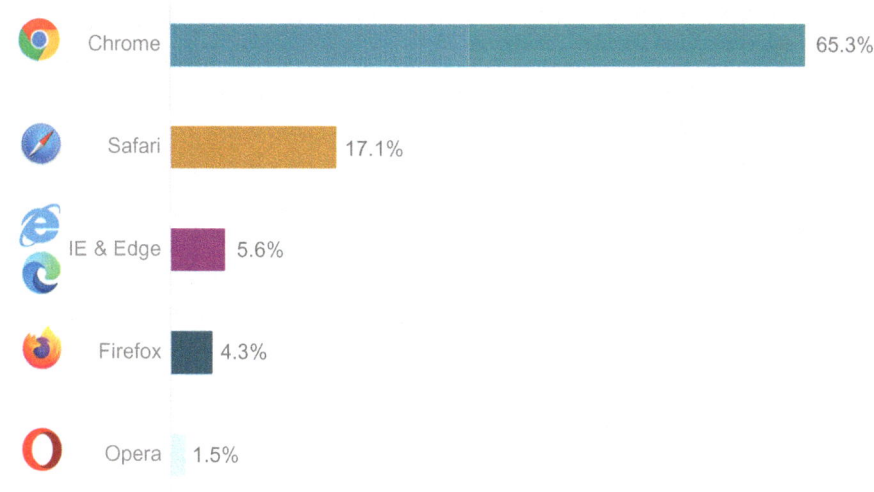

Abb. 7.6 Aktuelle Browser-Marktanteile (eigene Darstellung; Daten aus: W3Counter 2021 (https://www.w3counter.com/globalstats.php (abgerufen am 07.03.2021).))

dass es sich um den gleichen Konsumenten handelt. Dies wird auch als „Contextual Targeting 2.0" bezeichnet.[18]

Vor diesem Hintergrund wird zu beobachten sein, **wie die großen Technologie-Plattformen des Silicon Valley ihre Geschäftsmodelle rund um das Thema Privacy in den nächsten Jahren neu aufstellen.** Abb. 7.7 (vgl. Abb. 7.7) zeigt dazu die Werbeumsätze der Tech-Riesen aus dem Jahr 2019, auf die wir im Folgenden jeweils eingehen werden:

- **Amazon** entwickelt sich – neben seinem E-Commerce-Geschäft – auch zu einer global immer relevanteren Werbeplattform: Bereits 2019 hat Amazon global über 14 Milliarden EUR Umsatz durch Werbeeinnahmen erzielt. In den nächsten fünf Jahren wird erwartet, dass diese Zahl auf über 70 Milliarden EUR steigt. Damit ist Amazon die am stärksten wachsende digitale Werbeplattform.[19] Die Attraktivität von Amazon als Werbemedium ist natürlich wiederum vor allem auf die Kraft seiner 1st party data zurückzuführen, also die Tiefe an Informationen über die Präferenzen seiner über 300 Millionen Kunden weltweit. Dadurch ist Amazon kaum auf weitere

---

[18] O.A.: Why AI means the return of contextual targeting, https://www.warc.com/newsandopinion/news/why-ai-means-the-return-of-contextual-targeting/43241 (abgerufen am 07.03.2021).

[19] Graham, M.: Amazon's ad business will gain the most share this year, according to analyst survey, https://www.cnbc.com/2021/01/12/amazons-ad-business-will-gain-most-share-this-year-analyst-survey-.html (abgerufen am 07.03.2021).

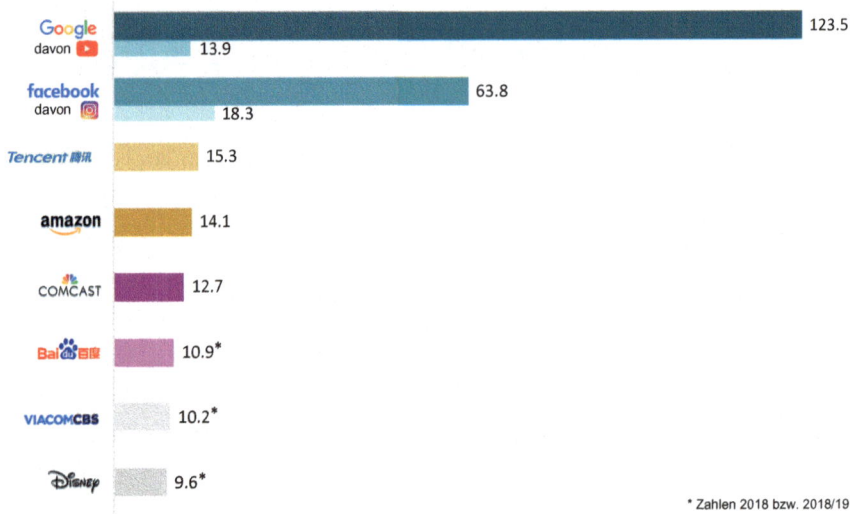

Abb. 7.7 Werbeumsätze der führenden digitalen Plattformen 2019, in Mrd. € (eigene Darstellung; Daten aus: Fidler 2020 (Fidler, H.: Google, Facebook, Amazon: Weltgrößte Werbebudgets gehen längst an Onlineriesen, https://www.derstandard.de/story/2000114492986/google-facebook-amazon-weltgroesste-werbebudgets-gehen-laengst-an-onlineriesen (abgerufen am 07.03.2021).)

Daten angewiesen, um diese Kunden sehr gezielt zu targetieren – oder dies im Auftrag von Werbetreibenden zu tun.

- **Apple** war nicht immer als Hüter der Privatsphäre seiner Kunden bekannt. So hat der iPhone-Hersteller es in den 2000er-Jahren – mit Hilfe einer eindeutigen Device ID – App-Entwicklern und Werbetreibenden gestattet, Nutzer jederzeit eindeutig zu identifizieren. In der jüngeren Historie hat Apple jedoch Privacy als Markenkern für sich entdeckt und viele technische Vorkehrungen getroffen, um die Targetierung der affluenten Apple-Kunden zu erschweren.[20] Apple fällt eine solche strategische Entscheidung deshalb leicht, da der Konzern kaum von Werbeeinnahmen abhängig ist.
- Auf **Google** hingegen trifft dies ganz und gar nicht zu (siehe Grafik oben). Dennoch hat der Mutterkonzern Alphabet nicht nur entschieden, Third-Party-Cookies ab Ende 2021 im hauseigenen Browser Chrome zu blockieren, sondern darüber hinaus zu gehen: Selbst innerhalb des eigenen Universums (was neben dem Suchmaschinenmarketing auch die Videoplattform YouTube beinhaltet) soll es kein individuelles Tracking von Nutzern mehr geben. Stattdessen bietet Google mit der neuen

---

[20] O.A.: Apple's privacy policy kicks Facebook where it hurts, https://www.economist.com/business/2021/02/06/apples-privacy-policy-kicks-facebook-where-it-hurts (abgerufen am 07.03.2021).

FLOC-Technologie ein kohorten-basiertes Targeting an – also faktisch Targeting auf Basis von Kundensegmenten.[21]

• Mit seiner enormen Abhängigkeit von targetierter Werbung könnte **Facebook** ein Verlierer dieser Entwicklung sein, insbesondere was die Ausspielung von Werbung innerhalb seines gesamten Ökosystems (Facebook, Instagram und zukünftig auch WhatsApp) angeht, da dies mit den von Apple und Google angekündigten Neuerungen nicht mehr so leicht möglich sein wird.

7.5   Kommt jetzt Spray'n'Pray zurück?

In Reaktion auf die oben beschriebenen Einschränkungen des individuellen Targeting durch Regulatoren und die Plattformen selbst lassen sich zunehmend **Stimmen vernehmen, die eine Rückkehr in das dunkle Zeitalter des Marketing befürchten:**

„*This echoed other ad-tech types' warnings of a return to a ,spray and p[r]ay' world where, once again, half of all ads are wasted but no one knows which half.*"[22]

Darin drückt sich die Furcht aus, dass eine Einschränkung der Targetierungsmöglichkeiten automatisch einhergeht mit einer Erhöhung der Marketingkosten durch zwei Effekte:

(a) Erhöhung der Kosten pro Impression/Click im Digitalmarketing,
(b) Verringerung der Werbe-Effektivität durch Streuverluste.

Die erste Befürchtung mag sich nach den obigen Ausführungen durchaus bewahrheiten: Durch die jüngsten Entwicklungen steigt die Marktmacht der großen Plattformen zwangsläufig – und damit deren Einfluss auf die Preisgestaltung. Es bleibt abzuwarten, wie die zunehmende Konkurrenz durch den vergleichsweise neuen Spieler in der digitalen Werbelandschaft – Amazon – dies konterkariert.

---

[21] O.A.: FLoC: Mit dieser Technik will Google die Third-Party-Cookies ersetzen, https://t3n.de/news/floc-technik-google-third-party-cookies-werbung-personalisiert-targeting-1352751/ (abgerufen am 07.03.2021).
[22] O.A.: Apple's privacy policy kicks Facebook where it hurts, https://www.economist.com/business/2021/02/06/apples-privacy-policy-kicks-facebook-where-it-hurts (abgerufen am 07.03.2021).

Den zweiten Punkt hingegen halten wir für stark übertrieben: Wir sind vielmehr der festen Überzeugung, dass Privacy und Marketingeffektivität nicht zwangsläufig Gegenpole sind:

- Zwar ist targetiertes Digitalmarketing – im Durchschnitt – effektiver als zum Beispiel Werbung im linearen Fernsehen. Jedoch addressiert es eben vor allem Konsumenten, die sich schon weiter entlang des Purchase Funnels bewegt haben, und es hat eher geringe markenbildende Wirkung (siehe Kap. 3). Es ist daher nur ein – wenn auch wichtiger – Teil des Mixes. Eine Übertreibung führt schnell zu dem oben beschriebenen Hypertargeting.
- Individuell targetiertes Digitalmarketing bleibt weiterhin möglich. Für den Zugang zu einer interessanten Zielgruppe mussten Werbetreibende schon immer einen Preis bezahlen. Ob dies effizienter über die großen Plattformen erfolgt oder über den Aufbau eigener 1st party data, kann jeder selbst entscheiden.

Allerdings gilt auch: **Individuell targetiertes Digitalmarketing erweckte oft den Anschein, dass dynamische Budgetoptimierung im Marketing ohne Aufwand, ohne eigenes Datenmanagement (siehe** Kap. 9) **und ohne intensives Nachdenken möglich ist.** Ein Marketingwissenschaftler überspitzte dies auf einer Konferenz im persönlichen Gespräch so:

> *„Programmatic [advertising] was not designed to help marketers do marketing; it was designed to help ad tech companies make more money off of marketers who like the video-game-like experience of buying ads. "*

Daher könnten die jüngsten Privacy-Entwicklungen sogar den interessanten und sehr positiven Nebeneffekt haben, dass Marketers motiviert werden, sich wieder stärker auf ihre Kernkompetenzen wie saubere Zielgruppendefinition, Markenaufbau und entsprechenden Medienmix zu besinnen, und dazu ihre Kompetenzen im Bereich Modeling und Data Management zu erweitern. Die in Kap. 5 beschriebenen Marketing Mix Modelle kommen komplett ohne Individualdaten aus und geraten daher zu keiner Zeit in Konflikt mit der DSGVO oder ähnlichen Regeln.

7.6 Empfehlungen für Unternehmensentscheider/-innen

Im Hinblick auf individuelles Targeting und Segment-of-One-Marketing wurden sicherlich einige Versprechen nicht erfüllt und dennoch ist das Potential der Technologien riesig. Aufgrund der aktuellen Veränderungen ist in den nächsten Jahren besonderes Augenmaß erforderlich im Hinblick auf Datenschutz und anderer Restriktionen. Dennoch lassen sich einige Grundregeln ableiten:

Organisatorische Erfolgsfaktoren

 Intensiv über kreativen Aufbau von „1st party data" nachdenken:
Wie oben beschrieben ist die direkte Ansprache von potentiellen Kunden oft ein sehr effektiver Kanal. Natürlich ist dies schwieriger für klassische Konsumgütermarken, welche dominant über den Handel vertrieben werden. Aber selbst hier bietet der heutige Omnikanal-Vertrieb spannende Möglichkeiten, um zum direkten Kundenkontakt in DSGVO-konformer Manier zu gelangen.

 Nicht von traumhaften Zwischengrößen blenden lassen:
Views und Klicks gehen so schnell, wie sie gekommen sind. Zudem werden sie u. U. durch nicht-menschliche Akteure generiert (Bots), die sich herzlich wenig für die Waren oder Markenbotschaften interessieren. Daher muss der Fokus bzgl. der Marketingwirkung letztlich immer auf wirtschaftlichen KPIs liegen.

Methodische Erfolgsfaktoren

Tendenziell Marketing-Mix-Modelle statt MTA favorisieren:
Marketing-Mix-Modelle (siehe Kapitel 5 und 6) basieren auf aggregierten Daten also z. B. Werbespendings und die Leads einer Woche oder eines Tages. Sie kommen ohne kritische individuelle Daten aus. Wenn man also das Risiko des Hypertargeting vermeiden möchte, sind MMMs tendenziell besser geeignet und zudem inhärent DSGVO-konform.

Experimente sind etwas Gutes, vor allem in Verbindung mit Modeling:
Ein großer Vorteil targetierbarer Kanäle ist sicherlich, dass man selbst bei kleineren Investments relativ schnell sieht, ob ein Effekt eintritt (solange man diesen Effekt nicht nur an der Anzahl Klicks festmacht – siehe oben). Daher sollten Unternehmen kontrollierte Experimente („Woche an, Woche aus") nicht scheuen. Sie haben den weiteren Vorteil, dass damit die nächste Runde des Modeling besser wird, da das Model wiederum aus mehr Daten und mehr Varianz schöpfen und lernen kann.

8

Agiles Marketing, agiles Budgeting

Auch die fortschrittlichsten Optimierungsmodelle können ihre volle Wirkung in einer sich laufend dynamisch wandelnden Umgebung nur dann entfalten, wenn sie regelmäßig angewendet und aktualisiert werden, und wenn dies im Rahmen eines institutionalisierten Prozesses stattfindet.

8.1 Die Grundlagen von agilem Marketing

Marketingagilität lässt sich aus der Unternehmenspraxis heraus definieren als **„extent to which an entity rapidly iterates between making sense of the market and executing marketing decisions to adapt to the market".**[1] Es geht also darum, neu auftretende Fragestellungen und Herausforderungen schnell zu analysieren und zu verstehen, und möglichst schnell darauf zu reagieren, indem vormals getroffene Entscheidungen – sofern nötig – angepasst werden. Dies alles geht in einem regelmäßigen, iterativen Prozess vor sich (vgl. Abb. 8.1).

Agile Marketingorganisation manifestiert sich dort, wo die wesentlichen Marketingentscheidungen innerhalb eines Marketingjahres – gestützt durch Prozesse und Tools und auf der Grundlage aktueller Daten und Erkenntnisse – fortlaufend (dynamisch) hinterfragt und angepasst werden.

---

[1] Kalaignanam, K. / Tuli, K.R. / Kushwaha, T. / Lee, L. / Gal, D.: How to Maximize the Potential of Marketing Agility. In: Journal of Marketing Webinar, 2020, https://www.ama.org/2020/10/14/how-to-maximize-the-potential-of-marketing-agility/ (abgerufen am 13.01.2021).

© Der/die Autor(en), exklusiv lizenziert durch Springer Fachmedien Wiesbaden GmbH, ein Teil von Springer Nature 2021
S. Stürze et al., *Agiles Marketing Performance Management*,
https://doi.org/10.1007/978-3-658-34815-1_8

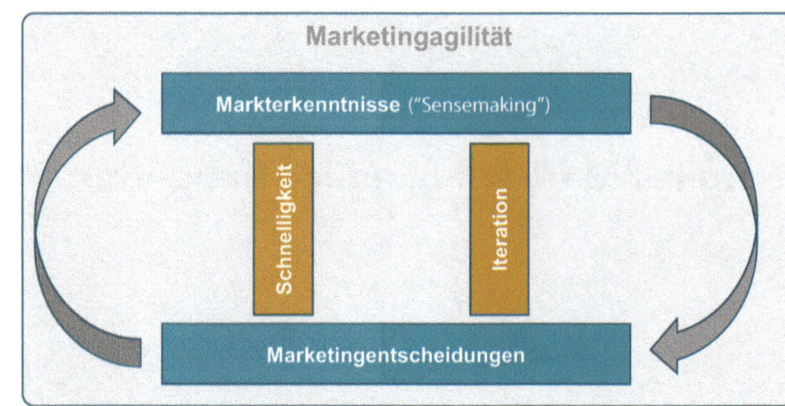

Abb. 8.1 Elemente von Agilität im Marketing (in Anlehnung an Kalaignanam et al. 2020)

In seinem Buch „The Speed of Thought" hat Microsoft-Gründer Bill Gates bereits vor über 20 Jahren die Möglichkeiten und Vorteile digitaler Datenströme sowie darauf aufsetzende Monitoring- und Entscheidungsprozesse sowie Umsetzungsmöglichkeiten beschrieben. Die Digitalisierung führe demnach nicht nur zu einem Beschleunigungsprozesses des Messens und Bewertens von Entscheidungen, sondern auch zu einem faktenbasierten Nachsteuern. **Das regelmäßige Nachsteuern sei der vermutlich wichtigste Baustein des agilen Marketings.**[2]

Schon wenige Jahre nach Gates' Buch wurden im Jahr 2001 im „Agile Manifesto"[3] Leitsätze und Prinzipien agiler Softwareentwicklung formuliert, auf deren Grundlage 2012 das „Agile Marketing Manifesto"[4] entwickelt wurde.

---

[2] Agiles Management ist *„ein sich immer wiederholender und anpassungsfähiger Prozess, in dem kleine und hochgradig vernetzte Teams in einfachen Prozesszyklen schnelle Lösungen erarbeiten und direkt auf Feedback von Stakeholdern reagieren können."*, https://www.agilemarketing.net/GettingStartedWithAgileMarketing.pdf (abgerufen am 13.01.2021).

[3] Brandl, M.: Werte und Prinzipien des Agile Marketing Manifesto, http://www.modernmarketer.de/werte-und-prinzipien-agile-marketing-manifesto/ (abgerufen am 13.01.2021).

[4] https://agilemarketingmanifesto.org/ (abgerufen am 13.01.2021).

8.2 Agiles Marketing – Der Schlüssel zum Erfolg?

In einem Artikel der Unternehmensberatung McKinsey aus dem Jahr 2016 werden eine Reihe von Voraussetzungen für agiles Marketing dargestellt.[5] So sollte eine Marketingorganisation eine **klare Vorstellung** davon haben, was sie mit ihrer agilen Initiative erreichen will (z. B. welche Kundensegmente sie gewinnen will oder welche Kundenentscheidungswege sie verbessern will) und **über ausreichende Daten, Analysen und die richtige Art von technologischer Infrastruktur** verfügen. Diese Infrastruktur hilft dabei, die für die Steuerung notwendigen Daten zu erfassen, zu aggregieren und zu organisieren, Entscheidungen auf der Grundlage von Vorhersagemodellen zu treffen und den Erfolg der Entscheidungen oder Maßnahmen zu messen und zu bewerten sowie gegebenenfalls erneut durch die Anpassung der Maßnahmen gegenzusteuern.

Ganz konkret bedeutet agiles Marketing beispielsweise, dass die Schaltung einer TV-Werbekampagne nicht fortgesetzt wird, wenn die Leistungsfaktoren bereits nach den ersten Wochen auf eine geringe Effizienz verweisen. Sollte die laufende Kampagne eingestellt werden, sind weiterführende Maßnahmen notwendig – der aufgestellte Mediaplan als Ganzes wird hinterfragt. Die hierfür notwendigen Entscheidungen werden **evidenzbasiert** getroffen.

Agile Marketingplanung hat damit das Ziel, stetig die Wirksamkeit der verschiedenen Kanäle und Maßnahmen zu monitoren und wenn notwendig eine Reallokation der Mittel auszulösen. Es bedeutet auch, dass Mediakanäle, die in der Vergangenheit schwache ROI-Werte geliefert haben, nicht ohne stichhaltige Begründung weiterhin angesteuert werden (z. B. eben nicht: „Wir werden noch bis zum Ende des Jahres drei Ideen in diesem digitalen Kanal testen. Dann wird erneut entschieden.").

Die Konsequenz ist, dass agile Marketingplanung alle getroffenen Entscheidungen fortlaufend hinsichtlich Ressourceneinsatz, Zielerreichung und Zielanpassungen überprüft und wenn notwendig modifiziert.

Dass Agilität nichts mit organisatorischem Chaos oder Wankelmut zu tun hat, sondern gerade eine solide, gut strukturierte organisatorische Basis erfordert, kommentiert McKinsey-Partner Aaron De Smet:

---

[5] Edelman, D. / Heller, J. / Spittaels, S.: Agile arketing: A step-by-step guide, https://www.mckinsey.de/business-functions/marketing-and-sales/our-insights/agile-marketing-a-step-by-step-guide# (abgerufen am 13.01.2021).

„Agility is not incompatible with stability – quite the contrary. Agility requires stability for most companies. Agility needs two things. One is a dynamic capability, the ability to move fast – speed, nimbleness, responsiveness. And agility requires stability, a stable foundation – a platform, [...] of things that don't change. It's this stable backbone that becomes a springboard for the company, an anchor point that doesn't change while a whole bunch of other things are changing constantly."[6]

8.3   Umsetzungselemente von agilem Marketing

Agiles Marketing und agiles Budgeting sind also Ausdruck einer Unternehmensentscheidung, um Marketinginvestitionen dauerhaft und prozessual gestützt

*   hinsichtlich ihrer Ziele und Wirtschaftlichkeit (Return on Marketing) zu **analysieren** („Was soll erreicht werden?"),
*   zu **bewerten** („Welche Maßnahmen erwiesen sich als wirkungsvoll?")
*   und hinsichtlich ihres Nutzens zu **hinterfragen** („Mit welchem Mitteleinsatz kann ich mein Ziel noch besser erreichen?").

Agiles Marketing und agiles Budgeting setzen jedoch seitens der Unternehmensführung voraus, die notwendigen **Daten** regelmäßig und in stabilen Formaten zu sammeln, **Tools** auszurollen, mit denen die zentralen Analysen und Optimierungen nutzerfreundlich durchgeführt werden können, ein **Agilitätsmindset** zu incentivieren sowie entsprechende **Prozesse** in der Organisation zu verankern.

Daten sind der „Rohstoff" jeglicher Analyse und damit die Grundlage, um laufend aktuelle Entwicklungen verstehen und Konsequenzen daraus ziehen zu können. Damit diese Daten ausreichend schnell verarbeitet und genutzt werden können, müssen die relevanten Informationen in **stabilen Formaten**, in ausreichender **Granularität** (mindestens wöchentliche Auflösung), in **maschinenlesbarer Form** (z. B. xls, csv) und **innerhalb kurzer Zeit** zur Verfügung stehen (z. B. spätestens vier Wochen nach dem Ereignis). Zentrale Daten sind für die agile Budgetplanung u. a.

*   Entwicklung der Zielgröße (Absatz, Umsatz, Leads, Neukunden, Besucher etc.),

---

[6] Siehe auch: https://www.mckinsey.com/business-functions/organization/our-insights/the-keys-to-organizational-agility# (abgerufen am 13.01.2021).

- eigene Offline- und Onlinemarketingaktivitäten (Nettoausgaben, GRPs, Impressions, Aussendungen/Auflagen etc.),
- Marketing der Wettbewerber (z. B. Nielsen Brutto Spendings),
- wichtige Größen jenseits der Marketingkommunikation (Distribution/ Filialnetz, Preisentwicklung, Produktveränderungen, Affiliateaktivitäten etc.),
- zentrale generelle Marktinformationen (Gesamtentwicklung, Neuprodukte des Wettbewerbs, regulatorische Änderungen, Konsumentenmobilität etc.) und
- Entwicklung der Marken-KPIs (Bekanntheit, Relevant Set, Consideration etc.).

Um die vorliegenden Daten regelmäßig und schnell in Erkenntnisse und dann in Entscheidungen umsetzen zu können, braucht es geeignete, nutzerfreundliche Tools. Beispiele für Funktionalitäten, die Tools für agile Marketingbudgetierung aufweisen sollten, sind:

- **Uploadportal bzw. feste Datenanbindung:** Die Daten müssen im Rahmen eines fest definierten, effizienten Prozesses in die Tools eingeladen werden können.
- **Automatisierte Datentransformation:** Die oben genannten Rohdaten sollten über automatisierte, skriptbasierte Routinen zusammengeführt und in vordefinierten Analysen verarbeitet werden.
- **Modellupdates:** Die zugrunde liegenden statistischen Modelle, welche u. a. die Wirkungsbeiträge der einzelnen Marketingaktivitäten berechnen, sollten sich automatisch (oder mit minimalem Zeitaufwand) auf der Grundlage der jeweils aktuellsten Daten aktualisieren lassen.
- **Budgetoptimierung:** Die Budgetverteilung auf die einzelnen Kanäle, Aktivitäten und Budgeteinheiten (Marken, Produktkategorien, Länder etc.) sollte einer Algorithmus-basierten Optimierung unterliegen.
- **Simulation:** Was-wäre-wenn-Prognosen auf der Basis alternativer Marketingpläne und Allokationsoptionen sollten möglich sein (z. B. „Wieviel mehr Umsatz kann ich generieren, wenn ich meine YouTube-Spendings um 50k EUR erhöhe?").
- **Reporting und Kampagnentracking:** Tools für agiles Marketing sollten einen einfachen und nutzerfreundlichen Zugriff auf alle gesammelten Daten erlauben, um alle relevanten Marktentwicklungen über grafische Darstellungen jederzeit visualisieren zu können (z. B. „Reagieren die Besucherzahlen auf meine neue Marketingkampagne?").

Einer der vielleicht wichtigsten Aspekte von agilem Marketing ist es, eine **Kultur und grundsätzliche Einstellung in die Organisation** zu tragen, dass Änderungen und Abweichen vom vorher beschlossenen Marketingplan kein Fehler oder das Eingeständnis eines Irrtums sind, sondern die richtige und effiziente Reaktion auf veränderte Rahmenbedingungen.

Um agiles Marketing im Unternehmen zu institutionalisieren, müssen letztlich **die Planungs- und Analyseprozesse entsprechend angepasst** werden. Dies umfasst mindestens zwei Aspekte:

* **Planungs- und Reviewprozesse:** Statt eines klassischen Planungsprozesses mit langwieriger Bottom-up- bzw. Top-down-Kommunikation wird ein Zero-based Budgeting-Prozess systemtechnisch unterstützt und durch regelmäßige, iterative Reviewprozesse komplementiert. Nur die generellen Rahmenbedingungen (z. B. absolute Budgethöhe, Mindestanteile für bestimmte Kanäle und Marken) werden top-down jährlich festgelegt, die monatlichen Anpassungen erfolgen kurzfristig und weitgehend autonom innerhalb der Marketingabteilung. Im Gegenzug für diese Autonomie muss die Marketingabteilung jederzeit Rechenschaft über die Effizienz der Maßnahmen ablegen können – was wiederum über die o. g. Tools dargestellt wird. Mögliche kurzfristige Budgetanpassungen sind hierbei schnell möglich, da dem Entscheidungsträger die zu erwartenden Implikationen auf die Zielgröße direkt bekannt sind.
* **Datenprozesse:** Um diese Planungsprozesse zu unterstützen, erfolgt eine fokussierte Sammlung und Aufbereitung erfolgskritischer Daten mit klar vordefinierten Formaten und KPIs.

Wenn diese Schritte konsequent umgesetzt werden und Teil eines etablierten Prozesses statt nur Ad-hoc-Initiativen sind, **zahlt sich dieses in einer nachhaltigen Steigerung des Marketing-ROI aus**. McKinsey publizierte hierzu die nachfolgenden Wirkungseffekte bei einer Gegenüberstellung von Firmen mit und ohne systematischem Lösungsansatz. Hierbei zeigen Initiativen, die durch eine dauerhafte Lösung in der Organisation verankert sind, nicht nur eine nachhaltige Erschließung des Potenzials, sondern auch zusätzliche Effekte durch die daraus resultierenden Lernprozesse (vgl. Abb. 8.2).[7]

---

[7] Bauer, T. / Freundt, T. / Gordon, J. / Perrey, J. / Spillecke, D.: Marketing Performance. How Marketers Drive Profitable Growth, Wiley, 2016, S. 14.

Wirkung mit einer Lösung im Vergleich zu
einmaliger Aktivität
(in % des Marketinginvestments)

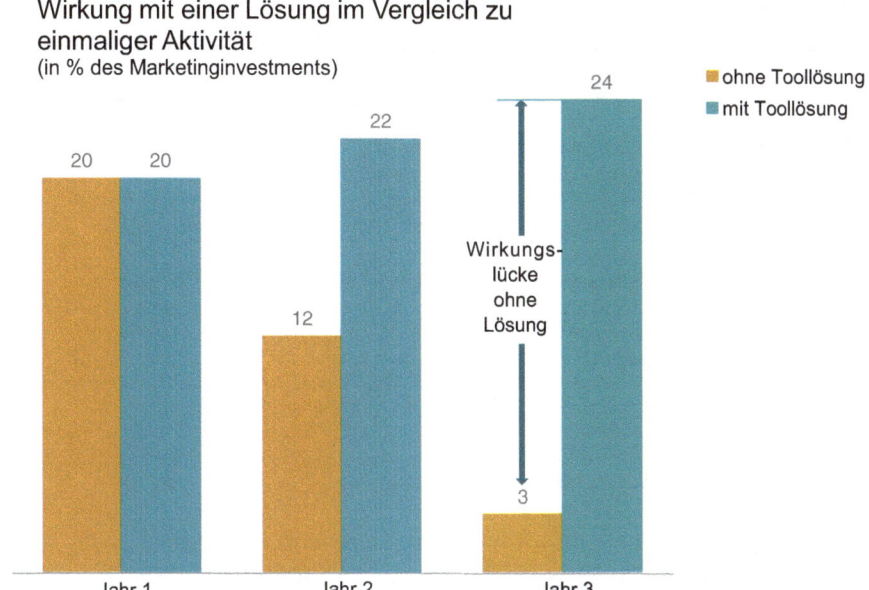

Abb. 8.2   Wirkung von Optimierungsmaßnahmen mit vs. ohne Toollösung (übersetzt
aus: Bauer et al. 2016, S. 145)

8.4   Empfehlungen für Unternehmensentscheider/-innen

Verantwortliche für Marketingentscheidungen sollten sich insbesondere auf
die Umsetzung der oben genannten organisatorischen und technischen Faktoren fokussieren.

Organisatorische Erfolgsfaktoren

 ### Agiles Marketing kommt nicht ohne Daten aus:
Klare Verantwortlichkeiten definieren, wer für welche Inputdaten verantwortlich ist (z. B. wer stellt die Ausgabendaten in welchem Rhythmus und in welchem Format zur Verfügung und wie werden diese weiterverarbeitet?).

 ### Planungsprozesse anpassen und Mindset hinterfragen:
Statt klassischer Jahres- oder Halbjahresplanung werden nur die großen „Leitplanken" längerfristig vorgegeben (Budgethöhe, Mindestanteile für bestimmte Kanäle und Marken), während die genaue Verteilung des Budgets auf die einzelnen Aktivitäten von den Verantwortlichen regelmäßig analysiert und revidiert wird, ohne dass hierzu ein Marathon an Meetings und Top-Management-Entscheidungen notwendig wird. Wichtig dabei: Korrekturen und Anpassungen sind ein zentrales Prinzip der Agilität und kein Fehler oder Irrtum. Zero-Based-Budgeting ist ein geeignetes Prinzip für agiles Marketing.

 ### Systematisches Effizienzcontrolling statt Ad-hoc-Initiativen:
Agiles Marketing setzt voraus, dass die zentrale Zielgröße zur laufenden Bewertung und Optimierung der Maßnahmen einen konkreten Bezug zum wirtschaftlichen Erfolg des Unternehmens hat (also z. B. Leads oder Kaufakte statt Markenbekanntheit), und dass das Marketing in der Lage ist, die Effizienz der Maßnahmen laufend und ohne großen Aufwand zu messen und zu reporten.

Methodische Erfolgsfaktoren

Messung und Datensammlung:

Agiles Marketing setzt eine breite, konsistente, granulare und aktuelle Datenbasis voraus. Dazu müssen die häufig in „Silos" vorliegenden (also über unterschiedliche Bereiche und Verantwortliche verteilten) Daten zusammengeführt werden. Außerdem ist eine feste Datenstruktur zu definieren, von der nicht abgewichen werden darf, weil sonst keine automatische und damit schnelle und effiziente Verarbeitung der Daten möglich ist.

Tools testen und ausrollen:

Ohne technische Unterstützung ist agiles Marketing heutzutage nicht umsetzbar. Dies umfasst sowohl die automatische Integration und Verarbeitung der neuesten Daten als auch eine automatisierte Analyse der Informationen auf der Grundlage geeigneter ökonometrischer Modelle. Deren Ergebnisse und Funktionen müssen aber auch in einer Form abrufbar sein, mit der die Marketingentscheider arbeiten können. Entsprechende nutzerfreundliche Tools können entweder intern von der eigenen Data Science-Abteilung entwickelt, von externen Dienstleistern eingekauft, oder in Kooperation entwickelt werden.

Exkurs II: Zero-based Budgeting (ZBB) – Segen oder Fluch?

ZBB bedeutet nicht etwa, mit einem Budget von Null auskommen zu müssen. Das Konzept hat seinen Ursprung in den Corporate Finance-Abteilungen größerer Konzerne mit vielen Budget-Allokationseinheiten. McKinsey definiert es relativ breit als

> *„Repeatable process that organizations use to rigorously review every dollar in the annual budget, manage financial performance on a monthly basis, and build a culture of cost management among all employees."*[8]

Kurz gesagt bedeutet ZBB also „tabula rasa" für jede neue Planungsperiode. Angewendet auf das Marketing: Die Budgetallokation für jede Kombination aus Marke x Produktlinie x Mediakanal sollte regelmäßig strukturiert hinterfragt und neu gerechtfertigt werden. Dies kann sehr aufwendig sein, aber eben auch sehr lohnenswert: Zwischen 10 und 25 % Effizienzsteigerung sind bei konsequenter Anwendung des Prinzips im Marketing möglich.[9]

Damit hat ZBB auch eine enge Verzahnung mit vielen der in diesem Buch behandelten Themen:

- **Budgetallokation ist mehr als Mediamix** (siehe Kap. 1): ZBB manifestiert exakt dieses Prinzip. Eine kontinuierliche Hinterfragung des gesamten „Spielfelds" der Budgetallokation im Marketing – nicht nur bezüglich der taktischen Fragen des Mediamix.
- **Solide, strukturierte Prozesse** (siehe Beispiel in Kap. 1): In größeren Konzernen bedeutet ZBB die regelmäßige, bewusste Abarbeitung von tausenden Budgetentscheidungen. Dies erfordert strukturierte Prozesse und geht aus unserer Erfahrung heraus kaum ohne Tool-Unterstützung.
- **Agiles Marketing** (siehe Kap. 8): Das für ZBB erforderliche Mindset und die erforderlichen Tools zur regelmäßigen, dynamischen Budgetallokation sind glücklicherweise überlappend mit denen, welche für eine agile Marketingorganisation erforderlich sind. ZBB und agiles Marketing sind komplementär und befruchten einander. So sollte ZBB auch als hilfreiches Vehikel zur schrittweisen Steigerung des Marketing-ROI verstanden werden, da es das Prinzip der Sprints in trägt.
- **Marketingelastizitäten und Modeling** (siehe Kap. 5): ZBB schreibt aus guten Gründen die konsequente Rechtfertigung der Budgetallokation und die Dokumentation der Begründung einer Budgetentscheidung vor. Im Marketing erfordert dies zwingend eine zumindest ungefähre Kenntnis der Marketingeffektivität – also der Wirksamkeit der Werbung für unterschiedliche Marken und Produktlinien. Wenn man nicht weiß, ob Werbung bei

---

[8] Callaghan, S. / Hawke, K. / Mignerey, C.: Five myths (and realities) about zero-based budgeting, https://www.mckinsey.com/business-functions/strategy-and-corporate-finance/our-insights/five-myths-and-realities-about-zero-based-budgeting (abgerufen am 17.02.2021).

[9] Jacobs, J. / Longo, R. / Sen, M. / Timelin, B: Zero-based productivity – Marketing: Measure, allocate, and invest marketing dollars more effectively, https://www.mckinsey.com/business-functions/operations/our-insights/zero-based-productivity-marketing-measure-allocate-and-invest-marketing-dollars-more--effectively (abgerufen am 24.03.2021).

Marke A oder B besser wirkt, kann man keine fundierte Allokationsentscheidung treffen. Dieser Umstand bedingt wiederum, dass ZBB ein umso schlagkräftigeres Instrument zur Steigerung des Marketing-ROI ist, je fundierter das darunter liegende Modell zur Ermittlung der Werbewirkung ist. Ergibt sich dies auf Knopfdruck, wird ZBB sicherlich noch nicht zum Kinderspiel – wohl aber deutlich einfacher.

Quintessenz: ZBB ist Aufwand, der aber nachweislich sehr lohnenswert für die Bottom Line sein kann. Unternehmen sollten jedoch zuerst eine Kenntnis der relativen Marketingeffektivität erlangen, bevor der Budgetprozess verändert wird.

9

„The Good, The Bad and The Ugly" – Datenanforderungen und -formate für eine erfolgreiche und kosteneffektive Umsetzung

In der Diskussion mit Dienstleistern, insbesondere für Pilotprojekte, stehen Datenverfügbarkeit und kostengünstige Datenkonsolidierung oft im Blickpunkt. Nicht selten ist dieses Element nicht nur die große Unbekannte in der Kalkulation der Anbieter, sondern kann der größte eigenständige Kostenblock in einem PoC sein.

Weiterhin stellt ein proaktives Management dieser Aspekte einen relevanten Hebel dar, um die kostengünstige und schnelle Aktualisierung von Modellen sicherzustellen.

Wurde im Kap. 8 ein Überblick gegeben über die relevanten Umsetzungselemente für einen agilen und dynamischen Ansatz, so fokussiert sich dieses Kapitel auf die folgenden Fragen:

- Welche Datenquellen sollte ein gutes Modell berücksichtigen?
- Welche grundsätzlichen Anforderungen sollten die ausgewählten Datenquellen erfüllen?
- Welche Unterschiede in der Datenstruktur gibt es und was beeinflusst insbesondere eine kosteneffiziente Verarbeitung dieser Daten?
- Wie geht man mit Ländern/Marken um, die heterogene Datenlandschaften haben? Hierbei interessiert oft die Frage, welche Ansätze man bei „datenarmen" Allokationseinheiten verfolgen sollte.

© Der/die Autor(en), exklusiv lizenziert durch Springer Fachmedien Wiesbaden GmbH, ein Teil von Springer Nature 2021
S. Stürze et al., *Agiles Marketing Performance Management*,
https://doi.org/10.1007/978-3-658-34815-1_9

9.1   Datenquellen und grundsätzliche Anforderungen an Modellvariablen

Neben den traditionellen Standarddaten wie zum Beispiel Handelspanel, Markentracker oder digitaler Mediadaten hilft die Einbeziehung zahlreicher kundenspezifischer Daten, eine realitätsnahe Abbildung der marketingbezogenen Effekte auf die gewählte Erfolgsvariable (z. B. Umsatz oder Absatzmenge) zu modellieren. Modelle, welche eine hohe Prognosequalität erreichen, beinhalten daher zumeist eine Kombination aus Standardquellen und kundenspezifischen Daten wie in Abb. 9.1 (vgl. Abb. 9.1) dargestellt.

Hierbei ist es wichtig, dass für alle einzubeziehenden Datenquellen ein konsistentes Minimum an Granularität sichergestellt wird. Abb. 9.2 (vgl. Abb. 9.2) führt hierbei exemplarisch die wichtigsten Minimalanforderungen auf.

Insbesondere die Zahl der minimalen Beobachtungspunkte (z. B. 156 Datenpunkte bei drei Jahren Wochendaten) mit relevanter Varianz (sowohl im Hinblick auf zeitliche Frequenz als auch Amplitude) sind hierbei zu beachten.

Die zugrunde liegenden Anforderungen sind zumeist weitreichender. Im Folgenden illustrieren wir dies am Beispiel von Daten im Bereich digitaler Werbung:

- **Zwingend erforderlich:**
  - Tabellenformat,
  - Wöchentlicher Split (Summen für Montag bis Sonntag),

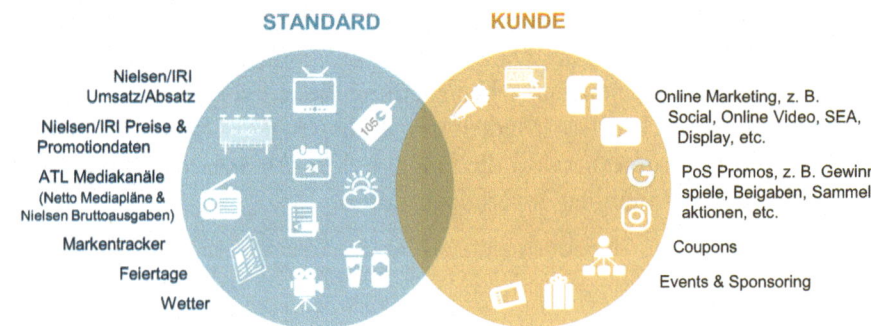

Abb. 9.1 Kombination aus Standard- und kundenspezifischen Datenquellen (eigene Darstellung)

Abb. 9.2 Typische Datenquellen und Minimalanforderungen an Historie und Granularität (eigene Darstellung)

- Vollständiger Zeitraum des Modells oder – alternativ – vollständiger Zeitraum der bisherigen Kanalnutzung,
- Split der Medienkanäle in Übereinstimmung mit gewünschtem Erkenntnisgewinn,
- Nettowerbeausgaben/Kosten für alle Kanäle,
- Wöchentliche Daten mit relevanter Varianz,
- SEA aufgeteilt in SEA brand versus generic,
- Online-Video (OLV) aufgeteilt in YouTube versus Andere,
- YouTube-Masthead getrennt von YouTube-Video Ads,
- Informationen zu (größeren) strategischen Veränderungen im digitalen Marketing/bei Kampagnen.

- **Dringend empfohlen:**

- Mindestens ein Performance-KPI für jeden Kanal, über die Zeit konsistent aufgezeichnet,
- YouTube und andere OLV aufgeteilt in Skippable vs. Non-Skippable,
- Aufteilung der Social Media-Kanäle basierend auf zu optimierenden Plattformen (Facebook versus Instagram versus TikTok) oder andere interne Granularität,
- Aufteilung Display in klassischer Banner vs. retargeting Banner vs. Video Ads (Display Video kann in bestimmten Fällen gleichwertig zu anderen OLV sein).

Ein guter externer Dienstleister bringt ähnliche Leitlinien im Hinblick auf Granularität und KPIs für die verschiedenen Datenquellen mit bzw. arbeitet mit dem Kunden daran, die Modelle durch eine Verbesserung der Datengrundlage stetig weiterzuentwickeln (=strategisches Datenmanagement).

9.2   Datenstruktur – kleine Unterschiede mit großer Wirkung

Können die relevanten Daten im gewünschten Umfang bereitgestellt werden, ist eine zentrale Frage für Datenprovider (z. B. Medienagentur) und Modeler, in welchem Datenformat diese Informationen vorliegen. Abhängig von der Pflege dieser Daten beim Datenprovider, hat oft eine der beiden Parteien erheblichen Aufwand damit, die vorliegenden Informationen in ein nutzbares Format zu transformieren, bevor das eigentliche Modeling beginnen kann.

Im Folgenden wird dieses am Beispiel von Mediaplandaten illustriert. Die präferierte Lösung ist die Bereitstellung der Informationen in einem klassischen Tabellenformat bei dem jegliche Information in Form von Wochenzeilen vorliegt. Dieses kann entweder in Form einer Datenmatrix über Kanäle hinweg (vgl. Abb. 9.3) oder fragmentiert nach Kanal je Wochenzeile (vgl. Abb. 9.4) erfolgen:

Leider liegen Datenquellen – insbesondere Mediapläne – oft in abweichender Form vor, da ihr Nutzungszweck ein anderer ist (z. B. Überblick für den Werbetreibenden erzeugen). Die folgende Abb. 9.5 (vgl. Abb. 9.5) gibt ein Beispiel hierfür:

Zusammenfassend bleibt darauf hinzuweisen, dass es insbesondere im Interesse des Werbetreibenden ist, sich frühzeitig aktiv in den Prozess der Datenbeschaffung und -formate einzubringen. Durch relativ wenig Aufwand ist es oft möglich, nicht nur den damit verbundenen Zeitaufwand und so die Kosten deutlich zu reduzieren, sondern auch den geforderten Datenaustausch mit den relevanten Agenturen weiterzuentwickeln. Diese Templates sind dann zudem die Grundlage, um z. B. bei einem Wechsel von Dienstleistern eine konsistente Fortführung des Reportings durch den neuen Partner sicherzustellen.

9.3   Umgang mit „datenarmen" Situationen

Grundsätzlich gilt, dass umfangreiche Modelle dort angewendet werden sollten, wo der damit verbundene Grenznutzen (Umsatz und Profitgröße) dies rechtfertigt. Viele Pilotprojekte erfolgen daher in Hauptabsatzmärkten von Kunden, was oft mit umfangreichen und/oder gut zugänglichen Daten korreliert.

Bei der Skalierung eines Modelingansatzes über Länder, Produktgruppen und Marken hinweg ist es allerdings nur eine Frage der Zeit, bis man der Herausforderung gegenübersteht, wie man mit „datenärmeren" Allokations-

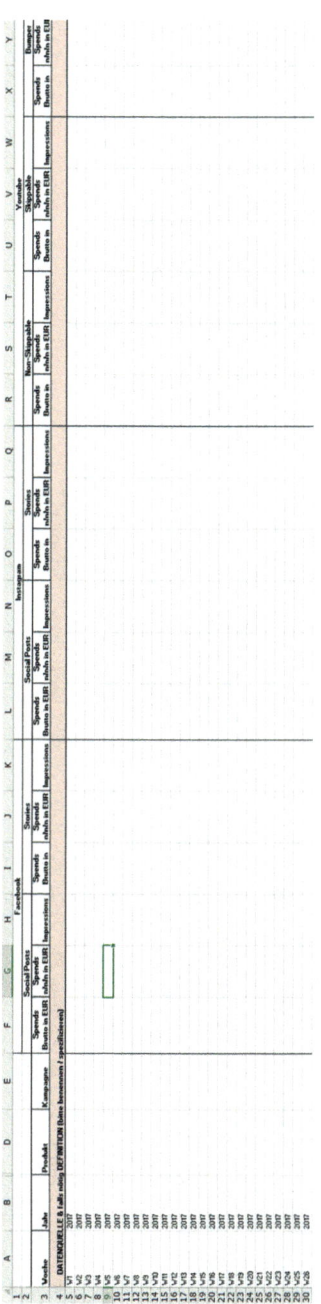

Abb. 9.3 Tabellenformat für Mediaplandaten über Kanäle und KPIs hinweg (eigene Darstellung)

Year	ISO Week	Channel	Description *(optional)*	Brand	Product/Line	Gross Spend	GRPs *(optional)*
2020	2	TV	TV Channel "News"	Brand ABC	Product 1A	40.000€	50
2020	3	TV	TV Channel "News"	Brand ABC	Product 1A	90.000€	150
2020	4	TV	TV Channel "News"	Competitor XYZ	Product X5	100.000€	200
2020	3	OoH	-	Brand ABC	Product 1A	100.000€	-
2020	4	OoH	-	Brand ABC	Product 1A	120.000€	-
2020	4	OoH	-	Competitor XYZ	Product X5a	100.000€	-
2020	11	Magazines	-	Brand ABC	Product 2B	60.000€	-
2020	12	Magazines	-	Competitor XYZ	Product X5	55.000€	-

Abb. 9.4 Mediaplandaten pro Kanal aufgesplittet pro Woche (eigene Darstellung)

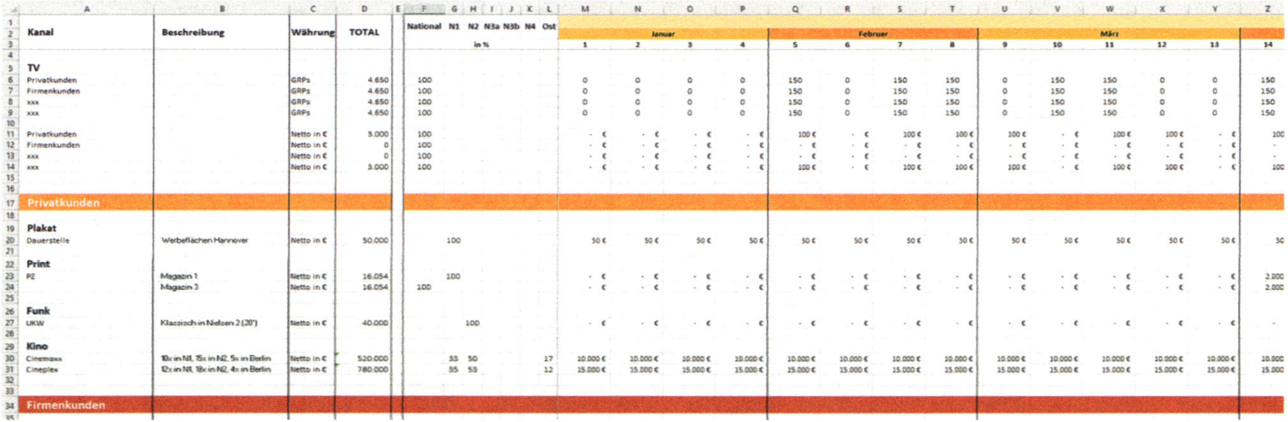

Kanal	Beschreibung	Währung	TOTAL	National	N1	N2	N3a	N3b	N4	Ost	Januar 1	2	3	4	Februar 5	6	7	8	März 9	10	11	12	13	14
					in %																			
TV																								
Privatkunden		GRPs	4.650	100							0	0	0	0	150	0	150	150	0	150	150	0	0	150
Firmenkunden		GRPs	4.650	100							0	0	0	0	150	0	150	150	0	150	150	0	0	150
xxx		GRPs	4.650	100							0	0	0	0	150	0	150	150	0	150	150	0	0	150
xxx		GRPs	4.650	100							0	0	0	0	150	0	150	150	0	150	150	0	0	150
Privatkunden		Netto in €	3.000	100							- €	- €	- €	- €	100 €	- €	100 €	100 €	100 €	- €	100 €	100 €	- €	100
Firmenkunden		Netto in €	0	100							- €	- €	- €	- €	- €	- €	- €	- €	- €	- €	- €	- €	- €	-
xxx		Netto in €	0	100							- €	- €	- €	- €	- €	- €	- €	- €	- €	- €	- €	- €	- €	-
xxx		Netto in €	3.000	100							- €	- €	- €	- €	100 €	- €	100 €	100 €	100 €	- €	100 €	100 €	- €	100
Privatkunden																								
Plakat																								
Dauerstelle	Werbeflächen Hannover	Netto in €	50.000		100						50 €	50 €	50 €	50 €	50 €	50 €	50 €	50 €	50 €	50 €	50 €	50 €	50 €	50
Print																								
P2	Magazin 1	Netto in €	16.054		100						- €	- €	- €	- €	- €	- €	- €	- €	- €	- €	- €	- €	- €	2.000
	Magazin 3	Netto in €	16.054	100							- €	- €	- €	- €	- €	- €	- €	- €	- €	- €	- €	- €	- €	2.000
Funk																								
UKW	Klassisch in Nielsen 2 (20")	Netto in €	40.000			100					- €	- €	- €	- €	- €	- €	- €	- €	- €	- €	- €	- €	- €	-
Kino																								
Cinemaxx	10x in N1, 15x in N2, 5x in Berlin	Netto in €	520.000		33	50				17	10.000 €	10.000 €	10.000 €	10.000 €	10.000 €	10.000 €	10.000 €	10.000 €	10.000 €	10.000 €	10.000 €	10.000 €	10.000 €	10.000
Cineplex	12x in N1, 18x in N2, 4x in Berlin	Netto in €	780.000		35	53				12	15.000 €	15.000 €	15.000 €	15.000 €	15.000 €	15.000 €	15.000 €	15.000 €	15.000 €	15.000 €	15.000 €	15.000 €	15.000 €	15.000
Firmenkunden																								

Abb. 9.5 Typischer Mediaplan als Übersichtstabelle für Kunden (eigene Darstellung)

einheiten umgehen soll. Ein wichtiger Faktor dabei ist die Motivation der damit verbundenen Optimierung.

Steht z. B. vor allem die Budgetoptimierung im Vordergrund, kann es bei mittleren und kleineren Märkten vertretbar sein – neben Wachstumsrate und Profitabilität (siehe Kap. 1) – die zugrunde liegenden Werbewirkungskurven zu vereinfachen bzw. unter bestimmten Umständen Proxywerte einzusetzen:

- Vereinfachungen könnten darin bestehen, dass auf umfangreiche Kanalsplits in Märkten mit schwierigerer Datenlage verzichtet wird. Eine Grobaufteilung auf die Hauptgruppen der Medienkanäle wäre als Näherung eine Option und ermöglicht kostengünstigere Lösungsbausteine.
- In Ländern mit sehr ähnlicher Kunden- und Mediendynamik kann man auch die Werbewirkungskurven von Referenzländern als Proxy heranziehen, um schnell ein pragmatisches erstes Mengengerüst an Allokationseinheiten bereitzustellen (z. B. Schweden als Leadcountry für anderen Länder im skandinavischen Marktcluster).
- In Fällen wo dieses nicht möglich ist, gibt es Näherungsverfahren via Expertenschätzungen und Benchmarkwerte, zum Beispiel aus wissenschaftlichen Studien. Diese können dann im Laufe der Zeit durch bessere Schätzer (=umfangreichere Modelle) ersetzt werden.

Eine breite Gesamtabdeckung im Hinblick auf Allokationseinheiten ist durch eine Kombination der beschriebenen Lösungen zeitnah möglich und erlaubt eine deutliche Verbesserung der verfügbaren Grundlagen für den Planungsprozess im Marketing.

9.4 Empfehlungen für Unternehmensentscheider/-innen

Das proaktive Management von Daten und die damit korrespondierenden Templates sind ein von Entscheider/-innen oft vernachlässigter Hebel, um die kostengünstige und schnelle Aktualisierung von Modellen sicherzustellen und eine stetige Verbesserung der Planungsgrundlagen sicherzustellen. Im Folgenden fassen wir die wichtigsten Erfolgsfaktoren zusammen.

Organisatorische Erfolgsfaktoren

„Datenkümmerer" von Kundenseite:
Sowohl unter Kostenaspekten, aber auch im Hinblick auf die mittelfristige Verbesserung der grundlegenden Reportingprozesse von relevanten Daten ist die frühzeitige aktive Teilnahme eines Mitarbeiters des Kunden für die Datenbeschaffung und -qualität ein wichtiger Faktor.

Aktives Management von Datenpartnern:
Die aktive Definition von Datentemplates durch Kunden – anstelle z. B. durch Medienagenturen – stellt die Grundlage für ein effizientes Reporting der relevanten KPIs dar. Zudem versetzt es den Kunden in die Lage, die konsistente Bereitstellung der notwendigen Daten leichter sicher zu stellen, z. B. bei einem Agenturwechsel.

Methodische Erfolgsfaktoren

Stetige Verbesserung von Modellen durch strategisches Datenmanagement:
Neben der aktuellen Bereitstellung von verfügbaren Daten sollten Kunden mit ihrem Dienstleister die Möglichkeiten zur Verbesserung der Daten in der Zukunft diskutieren und frühzeitig notwendige Schritte einleiten. Die Einbeziehung der zusätzlich verfügbaren Daten ermöglicht dann eine stetige Verbesserung der Prognosegenauigkeit der zugrunde liegenden Modelle.

Maschinenlesbare Datenformate und Taxonomie:
Die Datenpartner der Kunden sollten frühzeitig angehalten werden, die notwendigen Informationen in entsprechenden Datenformaten vorzuhalten, um – nicht nur im Rahmen von MMM-Projekten – dem Kunden eine einfache und kostengünstige Nutzung zu erlauben. Weiterhin ist ein Glossar der relevanten Variablen in den jeweiligen Files die notwendige Grundlage, um Konsistenz voranzutreiben und zeitaufwendige Rückfragen zu vermeiden.

10

In- versus Outsourcing und Anbieterauswahl

In den vorausgegangenen Kapiteln wurde intensiv auf die methodischen Aspekte für eine optimierte Budgetallokation im Marketing eingegangen. Hat sich ein Unternehmen entschieden, in die Einführung von fortgeschrittenen Lösungen in diesem Bereich zu investieren, stellen sich eine Reihe grundsätzlicher Fragen:

- Was ist das beste Setup für ein Unternehmen?
- Wie stark sollen die notwendigen Fähigkeiten und Kapazitäten in diesem Bereich im Unternehmen selbst aufgebaut werden?
- Welcher Dienstleister kann hierbei unterstützen? In welchen Bereichen kann man von vorhandenen Lösungen profitieren (Make/Buy)?

In diesem Zusammenhang ist der Erfolg in einer praktischen Umsetzung oft stark davon beeinflusst, wie klar sich der Kunde im Hinblick auf seine eigenen Anwendungsfälle und bestehenden Fähigkeiten ist. Darauf aufbauend ist ein zielorientiertes Briefing potentieller Dienstleister möglich.

Dieses abschließende Kapitel versucht hierbei, zunächst die zu beachtenden Aspekte darzulegen. Darauf aufbauend werden die Kriterien, die bei einem Anbieterbriefing zu beachten sind, vorgestellt. Abschließend gehen wir darauf ein, welche Dimensionen bei einer Anbieterauswahl herangezogen werden sollten.

© Der/die Autor(en), exklusiv lizenziert durch Springer Fachmedien Wiesbaden GmbH, ein Teil von Springer Nature 2021
S. Stürze et al., *Agiles Marketing Performance Management*,
https://doi.org/10.1007/978-3-658-34815-1_10

10.1   In- versus Outsourcing

Abhängig von der strategischen Zielsetzung und dem bestehenden analytischen und technischen Setup des betreffenden Unternehmens bieten sich
verschiedene Lösungsansätze an. Hierbei entwickeln sich Unternehmen
natürlich über die Zeit. Entscheidend für die folgende Darstellung ist aus-
schließlich, wie die aktuelle Situation für das jeweilige Unternehmen ist.

Prinzipiell kann man zwischen den folgenden drei Zielzuständen unterscheiden:

- **In-House:** Budgetallokation im Marketing ist ein strategisches Fokusthema
  und man sieht einen Wettbewerbsvorteil in der starken Integration einer
  entsprechenden Lösung in die internen Prozesse und vorhandenen Tools.

  - Idealerweise besitzt man eine Lösung, die voll in die bestehende IT-
    Landschaft integriert ist.
  - Man hat nicht nur ein tiefes Verständnis der zugrunde liegenden
    Modelle, sondern eigene Data Science-Ressourcen, die eine Skalierung
    und Fortentwicklung der Modelle ermöglichen.
  - Die Modelle werden regelmäßig über Schnittstellen, aus denen die rele-
    vanten Daten gezogen werden, aktualisiert. Idealerweise liegen diese län-
    der- und markenübergreifend in einem zentralen data lake vor.
  - Man erwägt zum schnellen Aufbau von Lösung und funktionierender
    Modelllandschaft die Unterstützung eines Dienstleisters als Be-
    schleuniger, will aber mittelfristig sowohl die Lösung besitzen als auch
    das Know-how, um die Lösung mit allen Modellen zu betreiben.
  - Dynamische Budgetallokation ist essentieller Teil der digitalen Trans-
    formationsagenda.

- **Self-Service:** Budgetallokation im Marketing ist ein strategisches Fokusthema, aber man sieht klare Vorteile darin, eine erprobte Lösung eigen-
  ständig zu nutzen, die stetig von einem Dritten weiterentwickelt wird.

  - Der Besitz der Lösung steht nicht im Vordergrund, da man vom Know-
    how anderer Unternehmen profitieren möchte.
  - Es ist relevant, dass die notwendige Entwicklungsarbeit durch einen
    Dritten erfolgt, was den Aufbau eigener Entwicklungsressourcen in die-
    sem Bereich erspart.

- Ziel ist es, ein fähiges Team zu haben, welches die bereitgestellten Ergebnisse optimal nutzen kann und die zugrunde liegenden Modelle versteht und bewerten kann.
- Idealerweise ist eine solche Lösung webbasiert und erfordert keine komplexe Integration in die eigene IT-Landschaft.
- Eine (semi-)automatisierte Bereitstellung der Daten ist wünschenswert.
- Das Unternehmen hat das Ziel, im Rahmen seiner digitalen Transformationsagenda, eine dynamische Budgetallokation zu etablieren.

- **Advice:** Das Unternehmen will von hochwertigen Empfehlungen in diesem Bereich profitieren ohne selbst relevante Ressourcen hierzu aufzubauen. Man findet hier oft ein sehr schlankes Marketingteam vor, das einen Dienstleister sucht, der – aufgrund bestehender Infrastruktur – sowohl schnell auf Ad-hoc-Anfragen als auch auf definierte Szenarien reagieren kann. Der Anspruch ist es, eine konsistente und integrierte Marketing-ROI-Messung über Allokationseinheiten (Länder, Produktgruppen, Marken) zu etablieren, aber einen starken Berater an seiner Seite zu haben.

- Modellentwicklung und -aktualisierung liegen auf Dienstleisterseite.
- Ergebnisse und Handlungsempfehlungen werden regelmäßig in klassischer Form via Präsentationen bereitgestellt.
- Eine Kombination von Analyse- und Beratungsleistung wird eingekauft.
- Das Unternehmen nutzt diese Lösung eher selektiv zur Validierung im Rahmen des Planungsprozesses.

Abb. 10.1 (vgl. Abb. 10.1) fasst diese drei strategischen Ausrichtungen zusammen:

- Abschließend gibt es eine vierte Gruppe: Diese Unternehmen sehen MMMs als hilfreich an, aber eine dynamische Planung ist nicht im strategischen Fokus. Das Unternehmen nutzt oft einfache/nicht-integrierte Modelle von Partnern (z. B. Agenturen) zur Betrachtung von Einzelfragen. Einige Unternehmen haben einfache Marketing-Mix-Modelle über Länder und Marken hinweg, z. B. von einem der etablierten Handelspanel-Anbieter, nutzen diese aber nicht oder nur sporadisch im Rahmen der Budgetallokation. Der Einblick des Unternehmens z. B. in den Aufbau der Modelle und der verwendeten Datenquellen ist oft beschränkt. Beim

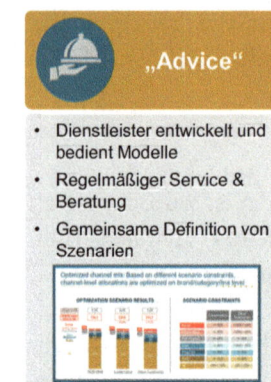

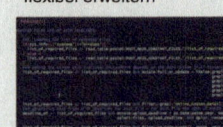

„Advice"
- Dienstleister entwickelt und bedient Modelle
- Regelmäßiger Service & Beratung
- Gemeinsame Definition von Szenarien

„Self-Service"
- Unternehmen bedienen eine entwickelte Lösung
- Unbegrenzte eigene „Was-wäre-wenn"-Szenarien
- Keine Integration in die eigene IT notwendig

„In-House"
- Mögliche Lösung ist in die eigene IT-Landschaft integriert
- Eigenes Data Science-Team kann eine solche Lösung flexibel erweitern

Abb. 10.1 Anforderungen an Dienstleister in Abhängigkeit von strategischen Zielen (eigene Darstellung)

Wechsel der Partner erfolgt zumeist kein oder nur ein beschränkter Transfer der zugrunde liegenden Modelle und der dahinter liegenden Daten. Für diese Unternehmen gibt es erst dann die Notwendigkeit, sich mit den im Folgenden dargestellten Evaluierungskriterien für Dienstleister auseinander zu setzen, wenn ein Wechsel zu einem der o. g. drei Gruppen in Erwägung gezogen wird.

In Abhängigkeit davon, welche strategische Zielrichtung für das jeweilige Unternehmen im Vordergrund steht, werden Leistungsschwerpunkte und kritische Fähigkeiten der Dienstleister anders gewichtet. Zudem hilft Klarheit über das Zielbild bei der Ausschreibung dabei, die Dienstleister stärker zu leiten.

Ist sich ein Unternehmen allerdings noch unschlüssig oder unsicher, kommt es oft dazu, dass statt eines RfP (Request for Proposal) eher ein RfI (Request for Information) platziert wird. Dieser beinhaltet dann tendenziell breiter angelegte Fragen, zu denen sich die Dienstleister äußern.

Teil des Prozesses ist dann nicht nur, dass die Dienstleister konkurrierende Lösungen präsentieren. Der bevorzugte Dienstleister qualifiziert sich oft dadurch, dass dieser dem Kunden bei der Entwicklung des finalen Lösungsansatzes mit seiner Erfahrung und Flexibilität zur Seite steht.

10.2   Frühphase der Orientierung – Pilotstudien und erstes Anbieterscreening

Falls sich ein Unternehmen in einer Frühphase der Orientierung befindet, helfen ggf. die folgenden Punkte dabei, mehr Klarheit über die eigenen Bedürfnisse und Rahmenbedingungen zu erlangen:

- **Pilotstudie und Datensituation:** Kernstück aller Lösungen sind die – in den vorherigen Kapiteln beschriebenen – Modelle für die einzelnen Allokationseinheiten. Für einen der wichtigen Kernmärkte eine Pilotstudie zu etablieren, um Klarheit über die Verfügbarkeit der erfolgskritischen Daten zu bekommen, ist oftmals ein „No regret move". Dabei können die Erkenntnisse aus dieser Studie genutzt werden, um mögliche Datenlücken zu schließen und Bereiche zur Verbesserung von Modellen über die Zeit hinweg zu definieren. Zudem legt man sich mit einem solchen Schritt nicht notwendigerweise auf einen zukünftigen Dienstleister fest. Denn auf Basis der Erkenntnisse zu Datenkomplexität und möglicher Modellarchitektur kann ein Kunde oft eine viel spezifischere Ausschreibung für ein umfangreicheres Portfolio von Märkten/Produktgruppen abgeben, um die Vorschläge verschiedener Anbieter sinnvoller zu vergleichen.
- **Schnelle Entwicklung der Grundlagen versus Skalierung:** Sowohl im Hinblick auf fortgeschrittene Modelle als auch auf eine Tool-Plattform zur einfachen Nutzung der Ergebnisse ist es hilfreich, auf Dienstleister als Katalysatoren zurückzugreifen. Spielt Zeit keine Rolle, sind natürlich Kooperationen mit Universitäten und inhouse Projekte eine Alternative. Diese Ansätze sind aber verständlicherweise oft mit einer klassischen Lernkurve verbunden. Zudem kann die Konstanz von Mitarbeiter/-innen und Know-how-Transfer eine zusätzliche Herausforderung sein. Ein weiterer Vorteil in der Nutzung von erfahrenen Anbietern ist deren Lernen über Kategorien und Länder hinweg. Nach der Etablierung eines erfolgreichen Ansatzes, kann die weitere Skalierung mit eigenen Mitarbeitern eine valide Option darstellen.
- **Besitz versus Nutzung:** Am Start vieler Evaluierungsphasen steht der Wunsch nach einer ganzheitlichen inhouse Lösungsentwicklung als strategisches Ziel. Für Unternehmen mit hohem Skalierungspotential und umfangreichen Ressourcen im Bereich Data Science ist dies auch der weiter zu verfolgende Weg. Für viele andere Unternehmen stellt sich hingegen die Frage, ob nicht eine Strategie des Self Service oder Advice (siehe oben) im Hinblick auf Nutzung der kritischen Ressourcen – insbesondere im Data

Science Bereich – die bessere Alternative in den ersten Jahren ist. Oftmals sind die relevanten Experten im Unternehmen heute schon überlastet und eine entsprechende Fluktuation in diesem Bereich stellt eine zusätzliche Herausforderung dar. Im Hinblick auf eine aktive und regelmäßige Nutzung der Ergebnisse bietet insbesondere die Self-Service-Option eine gute Alternative mit minimaler Belastung für die eigenen Experten bei gleichzeitig größtmöglicher Flexibilität.

- **Marketing versus IT als Projekt-Owner:** Sowohl bei den Optionen Advice als auch bei Self-Service handelt es sich um klassische Marketingprojekte. Bei Self Service wird i. d. R. lediglich eine webbasierte Plattform genutzt, um z. B. Was-wäre-wenn-Simulationen selbst vorzunehmen und die Ergebnisse zu analysieren. Hierfür ist keinerlei Data Science-Know-how bei den Marketingmitarbeiter/-innen erforderlich. Bei inhouse Projekten kann es helfen, einen Phasenansatz zu verfolgen. In der ersten Phase steht insbesondere die inhaltliche Lösungserstellung im Vordergrund (Marketing und Data Science). Diese wird in der zweiten Phase in eine Lösung überführt, um mit einem Frontend auf die Modelle zugreifen zu können (Solution-Entwicklung, Datenschnittstellen und IS-Integration). In der dritten Phase steht oft die internationale Skalierung an, bei der neue Modelle in die bestehende Softwarelösung integriert werden.
- **Erste Anbietersondierung via RFI und Pilotmärkte:** Ist sich der Kunde selbst noch unsicher, welcher Ansatz für ihn am besten ist, bietet sich ein etwas breiter angelegter Ansatz an, bevor man in einem Hauptprojekt mit dem endgültigen Dienstleister die zukünftige Lösung im Detail entwickelt. Eine Option ist es hierbei, mehrere potentielle Partner gleichzeitig an Pilotmärkten arbeiten zu lassen. Diese werden oft mithilfe eines zweiteiligen Fragenkatalogs identifiziert. Zum einen werden Fragen im Hinblick auf die detaillierten Aspekte des Modelling selbst (Abschn. 10.3) gestellt, die prinzipiell bei einer Anbieterauswahl berücksichtigt werden sollten. Zum anderen sind einige Leitfragen enthalten, um einen Eindruck vom prinzipiellen Ansatz sowie der Flexibilität des Anbieters zu erhalten. Relevante Dimensionen und Leitfragen sind hierbei:

  – **Customer-Front-End (Self-Service)**

    - Bitte beschreiben Sie Ihre Frontend-Lösung und wie diese für die verschiedenen Nutzergruppen (z. B. Global, Regional, Markt, Markenteams) funktioniert (z. B. Nutzungsrechte, Ansichten bei Nutzergruppe, Simulationen in Echtzeit). Was sind die wesentlichen Vorteile Ihrer Lösung?

- Welche Voraussetzungen braucht der Kunde, um mit seiner Frontend-Lösung zu arbeiten? Sind eine Installation oder Trainings erforderlich?
- Ist die jeweilige Lösung eine kundenspezifische Entwicklung? Wenn ja, inwiefern setzt diese Lösung auf einer bestehenden Lösungsplattform?
- Besteht alternativ die Möglichkeit eine bestehende Standardlösung in einem Lizenzmodell zu nutzen? Wenn ja, welche technischen Voraussetzungen müssen hierzu erfüllt sein? Profitiert der Kunde von stetigen Verbesserungen?

– **Projektansatz**

- Bitte beschreiben Sie Ihre Vorgehensweise bei einem umfangreichen Projekt (z. B. internationale Skalierung) inklusive der Rollenaufteilung und Verantwortungen zwischen uns und Ihnen. Unterscheidet sich diese Rollenverteilung zwischen Pilot- und Rollout-Phasen? Inwiefern erwarten Sie hierbei, vor Ort oder Remote zu arbeiten?
- Wie erreichen Sie die beste Balance im Hinblick auf Konsistenz zwischen Ländern und Berücksichtigung von relevanten Unterschieden zwischen diesen?

– **Industrieerfahrung und Klientenreferenzen**

- Welche Erfahrungen haben Sie im Bereich der Optimierung von Marketingbudgets zwischen Allokationseinheiten generell und spezifisch in unserer Industrie? Welche relevanten Klienten für vergleichbare Projekte können Sie als Referenzen nennen, für die Sie kürzlich tätig waren? (Hierbei ist besonders auf die Erfahrung in vergleichbaren Vertriebsstrukturen zu achten z. B. B2C versus B2B2C usw.).

– **Internationalisierung**

- Bitte beschreiben Sie, wie Sie ein internationales Projekt angehen. Beiliegend finden Sie unsere Top Regionen/Länder und die dort relevanten Produktgruppen und Marken.
- Wie gehen Sie mit „datenarmen" Ländern um (siehe Abschn. 9.3)?

– **Kommerzielles Proposal**

- Bitte geben Sie eine erste Indikation im Hinblick auf Kosten für ein Pilotprojekt und erläutern Sie die Kostentreiber im Rahmen eines möglichen Roll-outs.

- Wie sieht es im Hinblick auf laufende Kosten bei der regelmäßigen Nutzung Ihrer Leistungen aus?
- Wie ist Ihr Kostenmodell bei der Nutzung einer Frontend-Lösung (SaaS oder/und Inhousing)?
- Was sind die wesentlichen Kostentreiber (z. B. Höhe der Mediaausgaben, Nutzerzahl)?
- Inwieweit haben Sie Erfahrung mit erfolgsabhängigen Honoraren im Kontext dieser Studien? Wenn ja, welche Kriterien würden Sie heranziehen?

10.3 Technische Evaluation von Dienstleistern

Unabhängig davon, ob ein Unternehmen eine Frontend-Lösung von einem Dienstleister nutzen will, müssen die zugrunde liegenden Modelle die notwendigen Grundanforderungen erfüllen. Kernpunkte, die im Rahmen eines RfPs zu beachten sind:

- Der Anbieter sollte eine dynamische Optimierung anbieten, die es ermöglicht, relevante Marketing-ROIs in verschiedenen Hierarchie-Ebenen (z. B. Region, Markt, Marke) zu realisieren und neben Marketingeffektivität auch andere kommerzielle Treiber (z. B. Unterschiede in der Rentabilität und Kategoriedynamik) zu berücksichtigen – siehe Kap. 1.
- Um das zu erreichen, sollten die zugrunde liegenden Modelle

  - eine bereitere Liste an erklärenden Variablen umfassen, um einen hohen Erklärungsanteil sicherzustellen (siehe Kap. 9),
  - eine hohe Prognosegenauigkeit (MAPE – mean absolute percentage error) für die entsprechende Zielvariable haben, anstatt primär auf die statistische Qualität abzuzielen (siehe Kap. 5),
  - kurzfristige Absatzeffekte und langfristige Markeneffekte in einem integrierten Optimierungsmodell kombinieren, um über die Gesamtwirkung der Marketinginvestitionen zu optimieren (siehe Kap. 2).

- Um eine regelmäßige Nutzung und nachhaltige Wirkung zu ermöglichen, ist eine benutzerfreundliche Lösung sehr wichtig. Diese sollte eine schnelle Erstellung von „Was-wäre-wenn"-Szenarien beinhalten und einer breiteren Gruppe an Nutzern Zugang zu den Ergebnissen und zugrunde liegenden Daten ermöglichen.
- Ein Anbieter sollte

- eine konsistente Modellarchitektur haben,
- einen strukturierten Ansatz verfolgen, um schnell Akzeptanz in der Organisation sicherzustellen (Dies ist insbesondere für eine mögliche Internationalisierung der Lösung von hoher Bedeutung.),
- flexibel darin sein, wie er mit dem Kunden im Laufe der Zeit zusammenarbeitet, und ein mögliches Inhousing mittelfristig unterstützen.

Damit die Dienstleister ihre Vorgehensweise spezifisch für die relevanten Fragestellungen des Kunden darstellen, sollten die folgenden Leitfragen entsprechend angepasst werden, wo dies notwendig ist:

- **Use Cases:** Bitte beschreiben Sie, welche Ansätze und zugrunde liegenden Analysen Sie verwenden würden, um die folgenden Use Cases zu behandeln:
  - Was ist das **richtige Ausgabenniveau**, um ein bestimmtes Wachstumsziel (z. B. Volumen, Nettoumsatz, Bruttogewinn, Anzahl neuer Kunden) auf verschiedenen Ebenen (z. B. Global, Region, Markt, Marke) zu erreichen?
  - Wie hilft Ihr Ansatz, **verschiedene Ausgabenszenarien** und die Auswirkungen auf das Erreichen der Geschäftsziele besser zu verstehen?
  - Wie bilden Sie die **Auswirkungen von Marketinginvestitionen** auf kurzfristige Verkäufe im Vergleich zu langfristigen Markeneffekten ab?
  - Wie viel Marketingausgaben sollten für den **konventionellen stationären Handel im Vergleich zum E-Commerce** aufgewendet werden? Wie beeinflusst das eine das andere?
  - Wie viel tragen die **verschiedenen Verkaufstreiber** (z. B. Medien, Sponsoring, Preisgestaltung und Werbung, Kundenzufriedenheit) **zu den Geschäfts- und Markenzielen** bei und wie viel Budget sollte ihnen jeweils **zugewiesen** werden?
  - Was ist der **optimale Mix von Medienkanälen**, wie viel Geld sollte für welchen Kanal ausgegeben werden, und was ist der **zusätzliche Vorteil, wenn Sie einen EUR mehr/weniger für einen Medienkanal ausgeben**?
  - Inwieweit ist es möglich den **Erfolg von Kampagnen** in Ihren Modellen zu betrachten? Ist dieses auch für **Online-Kampagnen** möglich?
  - Wie sind die **Timings von Kampagnen** in der Optimierung reflektiert? Erhalten wir eine optimale zeitliche Verteilung der Ausgaben?
  - Wie werden **Halo-Effekte** (Abstrahleffekte) zwischen Linien und Kategorien bei Ihnen abgebildet?

    – Ist es möglich eine Optimierung zwischen verschiedenen **Zielgruppen** bzw. Kundensegmenten durchzuführen?

- **Methodik:** Bitte beschreiben Sie die Methodik hinter Ihrem Ansatz. Unterscheiden Sie gerne, falls dieses sich für die Use Cases unterscheidet. Erklären Sie bitte auch, wie Sie zwischen kurz- und längerfristigen Effekten unterscheiden.
- **Marktcluster und -ebenen:** Wie würden Sie zwischen Märkten mit unterschiedlicher Datenqualität differenzieren? Welchen Ansatz verfolgen Sie z. B. bei Märkten mit vielen Daten und Märkten mit beschränkten Daten? Unterscheiden Sie bei einer Skalierung des Ansatzes zwischen Kernmärkten und peripheren Märkten? Wenn ja, wie?
- **Datenanforderungen:** Teilen Sie bitte eine Liste Ihrer Datenanforderungen inklusive notwendiger Granularität (z. B. täglich, wöchentlich), notwendiger Historie (z. B. die letzten 52 Wochen) und von wem Sie erwarten, dass diese Daten bereitgestellt werden (von uns, Ihnen, Dritten)? Senden Sie uns zu befüllende Datentemplates, wie Sie diese idealerweise gerne erhalten würden?
- **Datenautomation:** Bitte beschreiben Sie, ob und wie Sie bei regelmäßiger Verwendung eine kostengünstige und fehlerarme Automatisierung der Datenbereitstellung angehen. Bitte unterscheiden Sie zwischen verschiedenen Anwendungsfällen (z. B. datenreichen vs. datenarmen Ländern), wenn relevant.
- **Datenlandschaft und -qualität:** Wie stellen Sie Vollständigkeit und Qualität der Daten sicher? Wie gehen Sie mit einer fragmentierten Datenlandschaft zwischen Märkten um?
- **Kostentreiber**

    – Was sind die relevanten Kostentreiber in der Pilotphase und wie entwickelt sich diese bei einem Roll-out?

    – Welche Skaleneffekte können wir erwarten (3 versus 10 versus 50 Modelle)?

    – Inwieweit arbeiten Sie auf Fixpreisbasis?

    – Inwieweit haben Sie Erfahrung mit erfolgsabhängigen Honoraren im Kontext dieser Studien. Wenn ja, welche Kriterien würden Sie heranziehen?

10.4   Typische Kostentreiber auf Seiten des Dienstleisters

Bei der Bewertung der Angebote – aber auch schon vorab bei der Beschreibung der Anforderungen sowie der bereitgestellten Informationen und Ressourcen – hilft es, sich der relevanten Kostentreiber auf Anbieterseite bewusst zu sein. Im Folgenden werden die relevanten Aspekte für drei typische Projektphasen dargestellt:

- **Setup**
  - Ein Hauptkostentreiber ist die Datensammlung, -integration und -komplexität. Bis zu 70 % der finalen Kosten können hiermit verbunden sein. Dabei sind die Schwankungen zwischen oft hoch standardisierten Konsumgüterherstellern und z. B. Unternehmen im Bereich Financial Services zum Teil immens. Neben der möglichen Diversität von Datenquellen und -formaten, kann eine strukturierte Datensammlung vorab durch den Kunden zu einer deutlichen Kostensenkung führen. Oftmals sind zudem längere Leerlaufzeiten und damit Unterauslastung der externen Teams ein Kostenfaktor in der Kalkulation von Dienstleistern, wenn es zu Wartezeiten auf Daten kommt. Weiterhin ist es oft kostengünstiger, seine Standarddienstleister (z. B. Medienagenturen) bzw. interne Abteilungen zu konsistenteren Datenformaten anzuleiten, als zeitaufwendige Datentransformationen beim Modeling-Dienstleister zu erzeugen (siehe Kap. 9 zu Datenformaten).
  - Innerhalb einer Kategorie existieren oft hohe Skaleneffekte (z. B. 10 Modelle für den 2- bis 3-fachen Preis eines einzelnen Modells). Daher ist es für beide Parteien vorteilhaft, ein umfangreiches Pilotprojekt mit mehreren Marken in einer Kategorie in einem Markt durchzuführen. Gewöhnlich ist es teurer, in vielen Märkten einen Piloten einer einzelnen Marke durchzuführen.
  - Kosten für umfangreiche Datenaufbereitung sollten als optionale Mehrkosten vereinbart werden, da nur bei befriedigenden Ergebnissen diese Details tatsächlich benötigt werden. Ein guter Dienstleister kann hierzu oft schon nach der ersten Datenkonsolidierung bzw. den ersten Modellergebnissen eine Rückmeldung geben, um unnötige Mehrkosten zu vermeiden.

- **Skalierung über Märkte hinweg**

  - Wenn die zugrunde liegenden Absatztreiber (siehe Kap. 5), Datenquellen und
    -strukturen ähnlich sind, ist von relevanten Skaleneffekte auszugehen. Insbesondere im Konsumgütersektor ist mit einer hohen Konsistenz der Datenquellen zu rechnen. In diesem Fall ist es nicht ungewöhnlich, dass die nächsten fünf Märkte für die Kosten von ein bis zwei Pilotmärkten bereitgestellt werden können.
  - Bestehen erhebliche Unterschiede bei Datentiefe, Aktivitätsniveau und Datenanbietern, sollte man über eine Differenzierung in Marktcluster nachdenken und zwischen diesen die analytische Herangehensweise differenzieren. Umfangreiche Modelle sind sicherlich für die Kernmärkte unerlässlich. Erfahrene Anbieter haben für datenarme Märkte oft alternative Methoden, um diese kosteneffizient in einer Gesamtoptimierung zu berücksichtigen (siehe Abschn. 9.3).

- **Regelbetrieb:**

  - Wesentliche Kostentreiber sind hier:

    - die Häufigkeit der Datenaktualisierung,
    - ob und wie oft die Modelle rekalibriert werden, um z. B. auch neue Medienkanäle zu berücksichtigen (siehe Kap. 5),
    - in welcher Form Ergebnisse bereitgestellt werden (Self-Service-Tool versus (semi-) standardisierte Powerpoint-Slides),
    - die Anzahl von Simulationen und Optimierungen, welche der Dienstleister je Monat/Quartal im Auftrag des Kunden erstellen muss.

  - Insbesondere bei Unternehmen mit hoher gewünschter Frequenz der Modell-Rekalibrierung (z. B. aufgrund hoher Umfeld-Dynamik) bietet sich folgendes an:

    - einmaliger Aufbau von Upload-Routinen und anschließendem kosteneffizientem Datenaktualisierungsprozess (z. B. monatlich),
    - einfach zu bedienendes Frontend, das dem Kunden Standardabfragen basierend auf den neuesten Daten am eigenen Browser ermöglicht,
    - einfache Skalierung einer solchen Lösung über Märkte/Geschäftsbereiche hinweg.

– Hierbei sollte das Unternehmen erwarten, dass der Dienstleister klar zwischen den einmaligen Einrichtungsgebühren (z. B. abhängig von der Datenkomplexität sowie dem Grad an Sonderwünschen des Kunden im Hinblick auf Reporting und Funktionalitäten) und echten Wartungskosten unterscheidet (z. B. Festpreise für x Aktualisierungen und y Rekalibrierungen innerhalb eines Jahres).

Neben den o. g. Kostentreibern ist ein oft über alle Projektphasen unterschätzter Faktor die Verfügbarkeit von entsprechenden Projektressourcen auf Kundenseite. Die Bereitstellung eines internen Verantwortlichen zur Beschaffung notwendiger Daten sowie zur schnellen Beantwortung von Fragen bzgl. Inhalten und Inkonsistenzen erlaubt Dienstleistern, deutlich progressiver in Ihrer Preisstellung zu sein. Weiterhin wird sichergestellt, dass notwendiges Basis-Know-how von Beginn an beim Unternehmen liegt – unabhängig davon, ob zu einem späteren Zeitpunkt ein Insourcing geplant ist.

Ein erfahrener Dienstleister sollte die in diesem Kapitel dargestellten Elemente nicht nur frühzeitig transparent darstellen, sondern auch aktiv auf diese hinweisen.

10.5   Konkrete Scorecards für Anbieter-Pitches

Kommt es auf Basis einer Ausschreibung zu einem Pitch verschiedener Anbieter, ist eine Grundlage für eine objektive Entscheidungsfindung essentiell. Nachfolgend werden zwei Beispiele mit unterschiedlichen Bewertungsschwerpunkten vorgestellt.

Tab. 10.1 (vgl. Tab. 10.1) zeigt zunächst exemplarisch eine typische Liste von Dimensionen, die ein ausschreibendes Unternehmen sammelt, um eine Bewertung der präsentierten Angebote zu erfassen. Hierbei steht oft nicht der Scorewert selbst im Vordergrund, sondern die Sammlung wichtiger Beobachtungen und prinzipieller Einschätzung durch die relevanten Mitarbeiter

Die folgende Bewertungsmatrix (vgl. Abb. 10.2) ist hingegen ein Beispiel für Unternehmen, die schon ein relativ klares Bild vom finalen Scope und des dafür notwendigen Kompetenzprofils Ihrer Anbieter haben. Die verwendeten Gewichtungen spiegeln entsprechend dieses Präferenzprofil wider:

Tab. 10.1 Beispiel für Bewertungsdimensionen von Anbietern (eigene Darstellung)

Bitte bewerten Sie die Präsentation des Anbieters und seine Aussagen in der Q & A-Session.
Nachfolgend finden Sie einige Kriterien. Bitte verwenden Sie eine Bewertungsskala von 1 bis 5: 1 = sehr
gut; 5 = sehr schlecht.

	Betrachtungsebene	Bewertung 1=sehr gut 5=sehr schlecht	Bemerkungen
1	Verständnis für die Herausforderungen in der relevanten Industrie und damit verbundenen Kundengruppen		
2	Verständnis für die kategoriespezifischen Herausforderungen in der Marketingkommunikation		
3	Umfang des ökonometrischen Modellansatzes und der Ergebnisse hinter dem Tool (z. B. Integration kurz- und langfristiger Markeneffekte, Prognosequalität, Optimierung über verschiedene Allokationseinheiten, Abbildung der verschiedenen Absatzkanäle)		
4	Wie klar kann das Tool die Planung der Marketingkommunikation leiten (Mediamix, Markenbildung vs. Taktik, Promotion/Einmalanreize etc.)		
5	Umfang und Nutzerfreundlichkeit des vorgestellten ROI-Tools (Simulation und Optimierung, Mediaplanung, Datenaktualisierung)		
6	Wie geeignet ist das Tool um Elemente wie z. B. internationale Skalierbarkeit abzubilden (datenreiche versus datenarme Märkte)?		
7	Plausibilität von Projektplan und Zeitplan		
8	Besteht die mittelfristige Möglichkeit das Tool eigenständig zu führen (vs. dauerhafte Abhängigkeit vom Anbieter)?		
9	Hat der Anbieter gezeigt, wie er dabei unterstützen kann, die grundsätzliche Daten- und Modellqualität zu verbessern?		
10	Eindruck von der Beratungserfahrung des Anbieters in multinationalen Konzernen und komplexen Umgebungen (z. B. zentralen & dezentralen Budgets)		
11	**Gesamteindruck**		

Kundenrelevante Dimensionen Jedes Item wird auf einer Skala von 1 (sehr schlecht) bis 5 (sehr gut) bewertet	Leitlinien	Nummer	Gewichtung	Anbieter 1	Anbieter 2	Anbieter 3
Marketing-Mix-Modeling-Kompetenz	• mehrere Modeling-Verfahren im "Werkzeugkasten" (nicht one fits all) • Methodenauswahl auf Basis fachlicher Vorgaben & Datenverfügbarkeit • harter KPI für Messung Modellgüte (z. B. Accuracy, nicht nur R-Quadrat)	1	20			
Dynamisches, selbst-lernende Optimierung	• Fähigkeit zur dynamischen, also rollierenden Optimierung und regelmäßiger automatischer Rekalibrierung mit neuen Daten • Optimierung nicht nur über Media-Kanäle, sondern auch Produktgruppen und ggf. Länder z. B. unter Einbezug unterschiedlicher Wachstumsraten	2	20			
Keine Black Box	• Top-Management muss jederzeit Treiber des Modells verstehen können (d. h. welchen Einfluss hat welcher Treiber) • Transparente Behandlung langfristiger Markeneffekte • Kliententeam kann auf Wunsch eigene Modelle hinzufügen	3	25			
Operatives Know-how	• Demonstriertes Media Know-how • Demonstriertes Know-how im Betrieb der Lösung • Demonstriertes Know-how in "Konzernstrukturen" und Budgetprozessen	4	10			
Support-Infrastruktur	• Wartungskonzept (Rekalibrierung der Modelle, automatische Überwachung der Forecasting-Accuracy, Alerting...) • Support-Konzept (Kundenbetreuung, Schulung)	5	10			
Hosting	• Externes Hosting des Systems möglich • Deploy on premise möglich auf Kundensysteme	6	15			

Technische Kompetenz (Modeling, KI und Frontend-Architektur)

Abb. 10.2   Beispiel einer typischen Scorekarte zur Bewertung von Anbietern

Kundenrelevante Dimensionen Jedes Item wird auf einer Skala von 1 (sehr schlecht) bis 5 (sehr gut) bewertet	Leitlinien	Nummer	Gewichtung	Anbieter 1	Anbieter 2	Anbieter 3
Referenz-Kunden	• innerhalb und außerhalb der Branche • mit klarem Impact-Beweis • Referenzen kontaktierbar	7	20			
Kompetitives Preis-Leistungsverhältnis	• Transparentes Preismodell, keine versteckten Kosten • Trennung in Setup und Recurring Fees (Wartung, Maintenance) • Erwarteter Payback in <3 Jahren	8	20			
Minimierter interner Aufwand	• Benötigte Ressourcen im Marketing • Benötigte Ressourcen in IT/BI • Realistische Datenwunschliste	9	5			
Iterative Zeitplanung	• Rascher PoC z. B. mit 1 Produktgruppe für Impact-Beweis • Danach/Parallel Aufsetzen des Tools • Realistische Einschätzung des Aufwands für interne Datenbeschaffung	10	5			
Anwenderfreundlichkeit für Marketing (nicht für Analysten!)	• Echtes Self-Service-Tool für Marketing • Jederzeit Möglichkeit zur Simulation ("Was-wäre-wenn"-Szenarien) • Nachvollziehbare Darstellung der relevanten Treiber des Modells • Optimierung erlaubt Einbezug von manuellen Constraints/Leitplanken • Darstellung deskriptiver Analysen z. B. historische Spendings	11	25			
Überzeugendes Beratungskonzept	• Klarer Beratungsansatz für Aufsetzen der Lösung • Vermeidung des Black Box Phänomens (= Mitnehmen der Entscheider) • Beratungsansatz demonstriert funktionales und Industrie-Verständnis	12	25			

Linke Randbeschriftung: **Umsetzungs-Kompetenz** (Benutzerfreundlichkeit, Beratung, Preis)

Gewichtungsfaktoren	Gewicht in %			
1	20			
2	20			
3	25			
4	10			
5	10			
6	15			
	100			
7	20			
8	20			
9	5			
10	5			
11	25			
12	25			
	100			

Abb. 10.2 (Fortsetzung)

10.6 Empfehlungen für Unternehmensentscheider/-innen

Hat sich ein Unternehmen entschieden, in die Einführung von fortgeschrittenen Lösungen zur Unterstützung von agilem Marketing zu investieren, so stellen sich eine Reihe grundsätzlicher Fragen insbesondere im Hinblick auf den schnellen und erfolgreichen Aufbau einer Lösung und welcher Dienstleister hierbei am besten und kosteneffizient das Projekt unterstützen kann.

Organisatorische Erfolgsfaktoren

Klarheit über strategische Zielsetzung und Ausgangslage:
Abhängig von der strategischen Zielsetzung und dem bestehenden analytischen Setup der Unternehmen bieten sich verschiedene Lösungsansätze an. Hierbei entwickeln sich Unternehmen über die Zeit. Der Erfolg in der praktischen Umsetzung ist oft stark davon beeinflusst, wie klar sich der Kunde hinsichtlich seiner eigenen Anwendungsfälle und bestehenden Fähigkeiten ist. Darauf aufbauend ist erst dann ein zielorientiertes Briefing an potentielle Dienstleister möglich.

Schnelle Entwicklung der Grundlagen versus Skalierung:
Auch mit dem Ziel diese Fragestellung ins eigene Unternehmen zu verlagern, kann die Entwicklung einer Lösung mithilfe eines Dienstleisters der schnellste und effizienteste Weg zum Ziel sein. Wichtig ist hierbei, dass der ausgewählte Partner nicht nur die notwendigen Fähigkeiten zum Aufbau einer solchen Lösung hat, sondern auch die Bereitschaft, das damit verbundene Know-how mit den relevanten Kundenmitarbeitern zu teilen. Zudem sollte es ein gemeinsames Verständnis über die technischen und kommerziellen Voraussetzungen geben, unter denen eine entwickelte Lösung in den operativen Betrieb des Kunden übergeben werden kann.

Der Weg zum Ziel - über RfI (request for information) zum RfP:
Ist sich der Kunde selbst noch unsicher, welcher Ansatz für ihn der Beste ist, bietet sich ein breiter angelegter Ansatz an, bevor man in einem Hauptprojekt mit dem endgültigen Dienstleister die zukünftige Lösung im Detail entwickelt. Eine Option ist es, hierbei mehrere potentielle Partner gleichzeitig an Pilotfällen arbeiten zu lassen.

Methodische Erfolgsfaktoren

Use-Cases:
Anhand von spezifischen Use-Cases sollten die Anbieter darstellen, welche methodischen Ansätze sie nutzen, um diese zu adressieren.

Datenverfügbarkeit und Hierarchieebenen:
Ein erfahrener Dienstleister ist nicht nur in der Lage die Herausforderungen eines Lösungsansatzes sowohl für datenreiche als auch datenarme Länder vorzustellen (Heterogene Datenstrukturen). Im Rahmen der Budgetoptimierung sollte der relevante methodische Ansatz auch die Optimierung über die verschiedenen Allokationsebenen (z. B. Länder, Produktgruppen in einem Land, mehrere Marken in einer Produktgruppe eines Landes, Kanäle innerhalb einer Marke in einem Land) umfassen, um das volle Optimierungspotential erschließen zu können.

11

Marketing in 2022ff. – Agilität als das „New Normal"

Agilität im Marketing Performance Management ist schon seit Jahren ein zentraler Hebel zur Steigerung des Marketing-ROI. Aber insbesondere in Zeiten, in denen das Unternehmensumfeld häufigen Veränderungen unterliegt und Entscheidungen unter großer Unsicherheit getroffen werden müssen, ist sie ein absolut kritischer Erfolgsfaktor:

- Immer **kürzer werdende Produktlebenszyklen** und eine schnellere Abfolge von Produktinnovationen brachten schon seit den 1980er-Jahren eine Beschleunigung ins Marketing.
- **Konsumenten verändern Ihr Verhalten aufgrund von veränderten Werten** (z. B. vegane Ernährung, biologischer Anbau, Fair Trade, Work-Life Balance), neue Technologien (z. B. iPhone, Streaming, Videokonferenzen, E-Shopping) oder äußere Umstände (z. B. verstärkte Nutzung des Homeoffice). Kundensegmente wie Millennials und Generation Z verkörpern diesen Wandel ultimativ.
- **Digitalmarketing** war und ist ein Disruptor auf beiden Dimensionen: Digitale Marketingkanäle erlauben und provozieren eine höhere Geschwindigkeit in der Ressourcenallokation. Zudem erhöht die Vielfalt verfügbarer digitaler Kanäle die Unsicherheit der Entscheidungen im Marketing Performance Management.
- Letztlich wirkte die **Corona-Pandemie** – wie bei vielen anderen Dingen – als Katalysator dieser Entwicklungen. Das Verhalten von Konsumenten wird grundsätzlich auf den Prüfstand gestellt. Das Fahren auf Sicht und

S. Stürze et al., *Agiles Marketing Performance Management*, https://doi.org/10.1007/978-3-658-34815-1_11

häufiges Rekalibrieren von eben getroffenen Entscheidungen zum ständigen Begleiter.

Gemeinsamer Nenner dieser Entwicklungen ist: **Der Bedarf nach agilem Marketing und agile Budgeting wird zukünftig eher größer als geringer. Das Rad lässt sich nicht zurückdrehen.**

Zum Glück muss das „auf Sicht fahren" alles andere als blind erfolgen: Gut strukturierte Daten bilden das Fahrwerk und darauf aufsetzende, erprobte statistische Methoden das Navigationssystem des modernen CMOs. Dabei sind drei Dinge wichtig, um in diesem „New Normal" erfolgreich zu sein:

1. **Agile Budgeting über alle Ebenen hinweg:** Es klingt wie ein Klischee, aber ohne eine Unternehmensführung mit einem „Investor's Mindset" wird Marketing ein Cost Center bleiben und ROI eine leere Hülse. Es gilt, die selbstverständlichen Prinzipien des digitalen Marketing auf das gesamte Spielfeld anzuwenden: Dynamische (= häufige) Reallokation des Marketingbudgets auf dessen nachweislich beste Verwendung. Statt nur Mediaallokation auch die dynamische Optimierung über Länder, Marken und Produktlinien hinweg. Und weg von der Jahresplanung, hin zu agile Budgeting.

2. **Agil ist *nicht* short-term:** Agile Budgeting sollte nie verwechselt werden mit Kurzfristorientierung. Ziel aller Anstrengungen ist eine mittelfristige Maximierung des Unternehmensgewinns durch optimale Ressourcen-Allokation. Letztere kann und sollte agil adjustiert sein, aber mit der mittelfristigen Gewinnmaximierung im Blick. Hierfür muss die Berücksichtigung langfristiger Markeneffekte essentieller Teil des Werkzeugkastens sein. Dies gilt umso mehr in Krisenzeiten – seien sie durch Pandemien hervorgerufen oder nicht: Coca-Cola hat 2020 seine Marketinginvestitionen deutlich reduziert, während zum Beispiel Katjes das Gegenteil getan hat. Offensichtlich hatten die beiden Unternehmen unterschiedliche Annahmen über die Effektivität ihrer Investitionen.

3. **Marketing braucht Menschen:** Einerseits braucht der neue Werkzeugkasten des Marketing (Daten, Modelle, Tools) natürlich Menschen, die diesen bedienen können. Dies ist keine IT-Aufgabe, sondern gehört ins Marketing selbst. Andernfalls entsteht schnell eine Black Box, der man vertrauen kann oder auch nicht. Andererseits sind Menschen in der Marketingorganisation nötig, die datengestützte (= decision support) Entscheidungen nicht nur als Lippenbekenntnis sehen und sich auch an Ihnen messen lassen. Schließlich sind klassische Marketing-Skills essentiell: Gerade in Zeiten abnehmender Bedeutung von individuellem

Targeting geht (hoffentlich) auch der Eindruck zurück, die Marketingfunktion lässt sich bestreiten, indem man einige Buttons in einer Ad-Booking-Maske bei Google klickt. Kernkompetenzen einer Marketingabteilung wie Zielgruppenverständnis, Kundensegmentierung und Markenmanagement werden wieder umso wichtiger.

All dies erfordert Investitionen, unter anderem in strategisches Datenmanagement für hochfrequente Daten sowie in darauf aufsetzende Technologien zur datengetriebenen Optimierung, in Ausbildung des Teams und in externe Beratung. **Aber in den allermeisten Fällen zahlen sich diese Investitionen in weniger als einem Jahr aus.**

Das freut die/den CFO und gibt der/dem CMO zudem endlich Werkzeuge in die Hand, um ihren/seinen Wertbeitrag dauerhaft quantitativ zu belegen.

In einigen Jahren mag es völlig skurril erscheinen, dass große Markenartikler einmal pro Jahr einen Mediaplan gemacht haben und im Abstand von mehreren Jahren eine Werbewirkungsforschung mit ihrer Mediaagentur. **Die neue Marketingrealität ist agil (aber nicht kurzatmig), datengestützt (aber nicht ohne Konzept) und kann jederzeit ihren eigenen Wertbeitrag vorzeigen.**

Wir hoffen, dass wir mit den Ausführungen in diesem Buch den Weg in diese neue Marketingrealität ein wenig ebnen konnten.

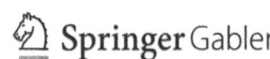